Poongothai Annadurai

Medicina Ayurveda Indiana para Remédios Domésticos

Poongothai Annadurai

Medicina Ayurveda Indiana para Remédios Domésticos

Medicina Tradicional

ScienciaScripts

Imprint
Any brand names and product names mentioned in this book are subject to trademark, brand or patent protection and are trademarks or registered trademarks of their respective holders. The use of brand names, product names, common names, trade names, product descriptions etc. even without a particular marking in this work is in no way to be construed to mean that such names may be regarded as unrestricted in respect of trademark and brand protection legislation and could thus be used by anyone.

Cover image: www.ingimage.com

This book is a translation from the original published under ISBN 978-620-0-43784-6.

Publisher:
Sciencia Scripts
is a trademark of
Dodo Books Indian Ocean Ltd. and OmniScriptum S.R.L Publishing group
Str. Armeneasca 28/1, office 1, Chisinau MD-2012, Republic of Moldova, Europe
Printed at: see last page
ISBN: 978-620-5-32576-6

Tabela de Conteúdos

Introdução

A Ayurveda é uma antiga tradição de cuidados de saúde que tem sido praticada na Índia há pelo menos 5.000 anos. A palavra vem dos termos sânscritos *ayur* (vida) e *veda* (conhecimento). Embora a Ayurveda, ou medicina ayurvédica, tenha sido documentada nos textos históricos sagrados conhecidos como os Vedas há muitos séculos atrás, a Ayurveda evoluiu ao longo dos anos e está agora integrada com outras práticas tradicionais, incluindo o yoga.

A Ayurveda é amplamente praticada no subcontinente indiano mais de 90% dos indianos usam alguma forma de medicina Ayurvédica, segundo o Centro de Espiritualidade e Cura da Universidade de Minnesota, e a tradição ganhou popularidade no mundo ocidental, embora ainda seja considerada um tratamento médico alternativo.

Princípios da Ayurveda

Os cuidados de saúde são uma prática altamente individualizada sob princípios Ayurvédicos, que afirmam que todos têm uma constituição específica, ou prakruti, que determina o seu carácter físico, fisiológico e mental e vulnerabilidade à doença, de acordo com o Dr. Bala Manyam, neurologista e professor emérito da Southern Illinois University School of Medicine.

Prakruti é determinado por três "energias corporais" chamadas doshas, disse Manyam à Live Science. Existem três doshas básicas, e embora todos tenham algumas características de cada um, a maioria das pessoas tem uma ou duas que predominam, de acordo com o Centro Médico da Universidade de Maryland:

A energia **Pitta** está ligada ao fogo, e pensa-se que controla os sistemas digestivo e endócrino. As pessoas com energia pitta são consideradas ardentes no temperamento, inteligentes e de ritmo acelerado. Quando a energia pitta está desequilibrada, podem resultar úlceras, inflamação, problemas digestivos, raiva, azia e artrite.

A energia **Vata** está associada ao ar e ao espaço, e está ligada ao movimento corporal, incluindo a respiração e a circulação sanguínea. Diz-se que a energia Vata predomina nas pessoas que são pensadores vivos, criativos e originais. Quando desequilibrados, os tipos de vata podem suportar dores nas articulações, obstipação, pele seca, ansiedade e outros males.

Acredita-se que a energia **Kapha**, ligada à terra e à água, controla o crescimento e a força, e está associada ao peito, tronco e costas. Os tipos de Kapha são considerados fortes e sólidos na constituição, e geralmente calmos na natureza. Mas obesidade, diabetes, problemas sinusais, insegurança e problemas de vesícula biliar podem resultar quando a energia de Kapha está desequilibrada, de acordo com os praticantes ayurvédicos. De acordo com as crenças ayurvédicas, factores como o stress, dieta pouco saudável, clima e relações tensas podem todos influenciar o equilíbrio que existe entre os doshas de uma pessoa. Estas energias desequilibradas, por sua vez, deixam os indivíduos mais susceptíveis à doença, segundo o Centro Médico da Universidade de Maryland.

História da Ayurveda Medicamentos

O tratamento ayurvédico enfatiza a prevenção da doença para evitar a necessidade de tratamento. A Ayurveda teve origem na Índia há mil anos atrás, mas a investigação sistemática sobre medicamentos ayurvédicos começou em 1969. Sri Lanka, Paquistão, Bangladesh e Nepal são os outros países onde os medicamentos ayurvédicos são comummente utilizados desde há séculos. Nos últimos anos, um número crescente de pessoas oriundas do Ocidente estão também a virar-se para o ayurveda como um medicamento alternativo.

Os benefícios dos remédios ayurvédicos foram comprovados ao longo de séculos de utilização e são tão úteis hoje como eram no passado. A Ayurveda oferece uma série de remédios que podem ajudar a equilibrar os seus doshas e contribuir para o seu bem-estar geral e saudável. Mas a chave está em encontrar o equilíbrio com uma abordagem holística de manter a mente, o corpo e a alma em completa harmonia uns com os outros. Saiba mais sobre Tipos de corpos Ayurvédicos. Um relatório de estratégia médica da Organização Mundial de Saúde (OMS) corrobora, "Para milhões de pessoas, os medicamentos ayurvédicos, os tratamentos tradicionais, e os profissionais tradicionais são a principal fonte de cuidados de saúde, e por vezes a única fonte de cuidados. Trata-se de cuidados que estão próximos dos lares, acessíveis e a preços acessíveis. Embora a acessibilidade deste método de tratamento se possa destacar, eles são também uma excelente forma de lidar com o aumento implacável de doenças crónicas não transmissíveis".

A origem da Ayurveda

Ayurveda é a antiga ciência médica indiana, que teve a sua origem há cerca de 5000 anos. A Ayurveda tem a sua menção num dos mais antigos (cerca de 6.000 anos) textos filosóficos do mundo, o Rig Veda. No seu sentido mais amplo, a Ayurveda sempre exigiu preparar a humanidade para a realização de todo o potencial do seu eu através de uma integração psicossomática. Um cuidado de saúde completo é o que a Ayurveda prescreve para a auto-realização final. O Rig Veda também menciona transplantes de órgãos e remédios fitoterápicos chamados Soma com propriedades de elixir.

Durante 3.000 a 2.000 AC Atharvaveda foi autor de um dos quatro Vedas, dos quais Ayurveda é um Upaveda (subsecção). Embora a Ayurveda tivesse sido praticada desde sempre, foi durante este período que ayurveda na Índia, foi codificada desde a tradição oral até à forma de livro, como uma ciência independente. Atharvaveda alista oito ramos da Ayurveda, nomeadamente - Kayachikitsa

(Medicina Interna), Shalakya Tantra (cirurgia e tratamento da cabeça e pescoço, Oftalmologia e Otorrinolaringologia), Shalya Tantra (Cirurgia), Agada Tantra (Toxicologia), Bhuta Vidya (Psiquiatria), Kaumarabhritya (Pediatria), Rasayana (ciência do rejuvenescimento ou anti-envelhecimento), e Vajikarana (a ciência da fertilidade).n O aspecto mais fascinante da Ayurveda é, ela utiliza quase todos os métodos de cura como regime de vida, yoga, aroma, meditação, gemas, amuletos, ervas, dieta, jyotishi (astrologia), cor e cirurgia, etc., no tratamento de pacientes.

Medicina Ayurvédica

A Ayurveda fala sobre o bem-estar geral do corpo e por isso ao tomar apenas o remédio não se pode alcançar uma saúde completa. Há outras coisas que é preciso apoiar para se poder manter saudável, feliz e rejuvenescido. Ao utilizar uma variedade e combinação de plantas medicinais e especiarias com valor de desintoxicação e combinado com mudanças específicas de dieta e estilo de vida, a Ayurveda visa reequilibrar o corpo, a mente e o espírito. Uma vez estabelecido nesse estado harmonioso, a saúde vibrante surge de forma espontânea e natural. Os remédios ayurvédicos recorrem a uma série de modalidades que incluem modificações da dieta, estilo de vida, exercícios como surya namaskar e meditação, entre outros.

Os ingredientes contidos na maioria dos remédios caseiros ayurvédicos funcionam contra o organismo causador de doenças através de vários meios, como por exemplo:

- Eles matam os microrganismos.

- Impedem a sua multiplicação.

- Bloqueiam ou interferem com processos cruciais que podem levar à sobrevivência de microrganismos, por exemplo, podem parar a formação de paredes celulares em fungos que causam infecção por leveduras.

- Fazem com que o meio ambiente não seja capaz de sobreviver para os microrganismos.

- Eles impulsionam o sistema imunitário tornando o corpo capaz de combater o microrganismo através da primeira linha de defesa.

Benefícios da medicina ayurvédica

Benefícios dos Remédios Ayurvédicos Domésticos

Os remédios caseiros ayurvédicos são simples de usar e preparar. Fazer as misturas não requer perícia; qualquer pessoa pode prepará-las e administrá-las eficazmente. Os ingredientes podem ser facilmente retirados da cozinha e não requerem muito tempo de preparação. Uma vez que são feitos com ingredientes naturais do dia-a-dia; não são tóxicos e não prejudicam a sua saúde. Qualquer coisa que esteja facilmente disponível em casa ou em redor dela, e que tenha um uso medicinal, pode ser usada como remédio caseiro. A maioria dos remédios caseiros ayurvédicos são uma mistura de ervas e especiarias comummente utilizadas que são misturadas numa mistura potente para curar sintomas comuns ou prevenir qualquer mal-estar.

Substâncias como o cravo, canela, pimenta preta, cominho, funcho, sal grosso, curcuma, coentros, gengibre, mel, alcaçuz, alho, cebola, manjericão sagrado e hortelã são geralmente considerados como remédios caseiros eficazes. A Ayurveda também prescreve alguns exercícios, técnicas de massagem, aromas e terapias de limpeza como remédios caseiros naturais. Em alguns casos, mesmo uma dieta adequada pode ser um remédio caseiro, uma vez que reduz a gravidade dos sintomas experimentados e evita o agravamento involuntário da condição. A abordagem ayurvédica da doença é holística e, por conseguinte, após um tratamento ayurvédico, o paciente encontrará uma melhoria nas suas condições mentais, físicas e psicológicas. Os ingredientes utilizados nos medicamentos ayurvédicos são na sua maioria derivados de plantas, ervas, flores, frutos, etc., tornando-o um remédio próximo da natureza e muitos mais benefícios da Ayurveda são os seguintes.

Alguns dos benefícios mais conhecidos dos remédios caseiros ayurvédicos incluem:

- Têm menos efeitos secundários e estes são suaves.

- Não têm produtos químicos que possam ser nocivos para o corpo

- São baratos e fáceis de encontrar. Podem ser encontrados no quintal, na quinta ou prontamente no mercado, a preços baratos.

- São mais eficazes contra muitas doenças. Um tipo de remédio caseiro pode ser utilizado para tratar vários tipos de outras doenças

- Enfatiza tanto a forma preventiva como curativa da medicina

- É mais eficaz no tratamento natural para desintoxicar o corpo de quaisquer toxinas e substâncias químicas nocivas

- Estabelece um equilíbrio perfeito entre mente, corpo e alma que ajuda a alcançar o objectivo da saúde perfeita

Panchakarma é o processo para se livrar de impurezas e alimentos que interferem com a forma como o corpo deve funcionar idealmente. A administração de óleos, enemas e massagem terapêutica ajudam a fazer com que os corpos passem dos níveis dos tecidos para os níveis intestinais à medida que as impurezas são libertadas do sistema. A utilização do toque nutritivo dos remédios ayurvédicos para uma vida feliz e saudável é, portanto, altamente recomendada.

Cuidados de Saúde da Medicina Ayurveda

1. Tosse

A tosse é conhecida como kasa na Ayurveda. Dependendo do envolvimento dos doshas e outros factores, a kasa foi definida como sendo de cinco tipos - Vataja, Pittaja, Kaphaja, Kshataj (traumática) e Kshyaj (tuberculosa). Os factores causais de todos os tipos são diferentes. Por exemplo, o exercício físico excessivo dá origem a Vataja kasa. Comida quente e picante, juntamente com raiva e exaustão do calor, dão origem a Pittaja kasa. A ingestão de doces em excesso, a preguiça e o sono durante o dia induzem a Kaphaja kasa. O excesso de peso e o envolvimento extremo nos hábitos sexuais induziriam a Kshayata kasa. Excesso de sexo, alimentos não consumíveis e supressão de impulsos naturais resultariam em Kshayaja kasa.

Ingredientes:

Amêndoas, mirobalanos Beleric, Pimenta Preta, Manteiga, Gengibre, Manjericão Sagrado, Mel, Pimenta Longa, Cardamomo Pequeno, Açúcar e Sal de Mesa.

Remédios naturais para a tosse

1. **Pimenta Preta e Leite**

   Numa tábua de pastelaria triturar 4-6 sementes de pimenta preta. Acrescentar uma colher de chá de mel e misturá-lo bem. Tomar este remédio caseiro para a tosse várias vezes ao dia alivia a tosse.

Naturally Cure Cough Cough

2. **Amêndoas e Manteiga**

   As amêndoas são um bom remédio para a tosse. Mergulhar cerca de 5-8 grãos em água durante a noite. Depois de remover a pele castanha, triturar os grãos suavizados numa pasta fina. Adicionar 20 gramas de manteiga e açúcar a esta pasta. Comer esta pasta de manhã e à noite livra-se da tosse. Esta pasta é um remédio caseiro eficaz para a tosse seca.

3. **Beleric Myrobalans, Pimenta Preta e Mel**

Para preparar este remédio natural para a tosse, tomar 10 gramas de casca seca de Beleric Myrobalans e 1/2 colher de chá de pimenta preta. Triturá-los até obter um pó fino. Adicionar uma pitada de sal e 2 colheres de chá de mel a esta mistura. Misture-os bem para formar uma pasta. Administrada duas vezes por dia, esta pasta alivia a tosse.

4. **Pimenta Longa, Gengibre e Tulsi**

Para preparar este remédio caseiro para a tosse, tomar cerca de 10 gramas de cada uma de pimenta longa, gengibre seco, folhas de manjericão sagrado. Adicionar 4-6 pequenos cardamomos e triturar para obter um pó fino. O consumo deste pó com igual quantidade de mel alivia a tosse.

5. **Gengibre, Folhas de Betel e Mel**

Para preparar este remédio caseiro para a tosse, necessitará de 1 colher de chá de sumo de gengibre. Acrescentar 1 colher de chá de mel. O terceiro ingrediente necessário é folhas de betel. Tirar o sumo das folhas de betel. Acrescentar 1 colher de chá de sumo de folhas de betel à mistura anterior e misturar bem. Um poderoso remédio caseiro para a tosse está pronto a ser utilizado. Deve-se adicionar 1 colher de chá de água morna e bebê-la. Deve tomá-la 3 vezes por dia. Não consumir nada antes de meia hora.

6. **Pimenta Preta, Cúrcuma, Leite e Mel**

Para este remédio para a tosse, necessitará dos seguintes ingredientes: Leite, poder da pimenta, curcuma em pó, e mel. Tomar um copo de leite quente. Adicione 1/2 colher de chá de pimenta em pó, curcuma em pó e mel. Misturar bem e beber duas vezes por dia para obter o melhor resultado.

7. **Cebola e Mel**

Picar uma cebola, extrair o sumo e misturá-lo com um pouco de mel. Deixar esta mistura durante cerca de cinco horas e depois utilizá-la como xarope para a tosse duas vezes por dia. A cebola actua como descongestionante e acalma as suas vias respiratórias. Este é um dos remédios caseiros eficazes para a tosse.

8. **Gengibre e Mel**

Pegar num pedaço de gengibre fresco, ralá-lo e extrair dele o sumo. Tomar cerca de 2 colheres de chá de sumo de gengibre e adicionar cerca de 2 e 1/2 colheres de chá de mel. Misturar bem. Aquecer ligeiramente a mistura. Deixar aquecer durante menos de um minuto, e depois pode tê-lo cerca de três a quatro vezes por dia para a sua tosse molhada. Os remédios caseiros para a tosse com mel de gengibre podem demorar algum tempo a fazer efeito. Seja paciente.

2. Dores abdominais

Isto é conhecido como Shoola na Ayurveda. Foram descritos oito tipos de shoola, que incluem Vataja, Pittaja, Kaphaja, Vata-Pittaja, Vata-Kaphaja, Tridoshaja e Amaja. Todos estes tipos têm as suas próprias características. Vataja é um tipo de dor penitente, Pittaja dor está associada a queimadura no peito e Kaphaja é dor leve e peso da cabeça. Amaja está associada a flatulência, náuseas e salivação excessiva.

Ingredientes:

Sementes de Ajwain (Carom), manteiga clarificada, Gengibre e folhas de Hortelã

Remédios naturais para as dores abdominais

Receitas comuns:

Extrair 1 colher de chá de sumo de gengibre fresco e misturá-lo com 1/2 colher de chá de manteiga clarificada. O consumo deste sumo ajuda a aliviar instantaneamente a dor abdominal. Ferver cerca de uma colher de chá cheia de sementes de Ajwain em 1 chávena (cerca de 125 ml) de água durante 5 minutos. Coar através do coador de chá e adicionar uma pitada de sal comum. Tomar esta solução ajuda a livrar-se da dor. Tomar folhas de hortelã frescas e extraí-las para obter cerca de uma colher de chá cheia de sumo. Misturar este sumo numa chávena de água simples e beber instantaneamente. Embora esta mistura não tenha um bom sabor, dá alívio imediato.

3. Bronquite

Uma dificuldade em respirar é denominada Shwas Roga na Ayurveda. Para efeitos de descrição, Ayurveda classifica as dificuldades específicas em respirar em 5 tipos diferentes. Um destes tipos está relacionado com a asma brônquica comummente conhecida. Nesta condição, uma obliteração da passagem respiratória é causada por uma Vata e Kapha viciadas, levando a um ataque agudo de falta de ar. Segundo a Ayurveda, uma ingestão de alimentos incompatíveis e geração interna ou exposição a substâncias tóxicas causa a viciação, conduzindo a problemas brônquicos.

Ingredientes: Sementes de Spogel, Gengibre fresco, Mel, Óleo de mostarda, Cânfora e folhas de Betel

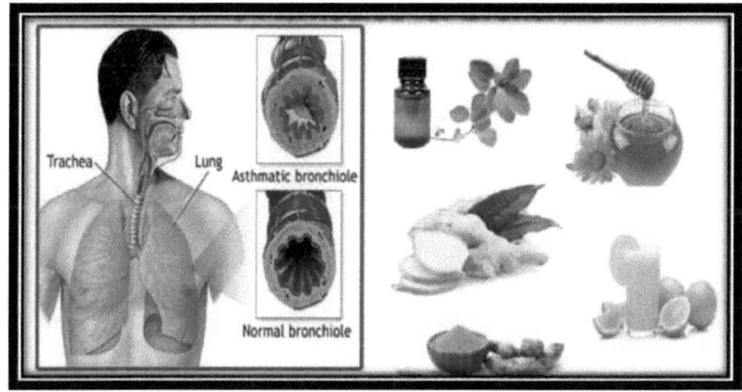

Bronquite

Sementes de Spogel

A Ayurveda considera que os ataques de falta de ar são mais activamente precipitados pela obstipação. Para os prevenir ou para controlar a sua intensidade, certifique-se de que tem um movimento intestinal regular. Para este fim, pode utilizar frequentemente sementes de Spogel. Esta erva é também chamada Psyllium.

Gengibre e Mel

Se o seu problema bronquial for sazonal, tome 2 colheres de chá de sumo de gengibre fresco misturado com um volume igual de mel. Tomar este remédio caseiro para bronquite duas vezes por dia ajuda a verificar a frequência e a intensidade do seu problema. Quando tiver um ataque agudo de falta de ar, não dependa apenas de um remédio caseiro. Tome a sua medicação de rotina, conforme aconselhado pelo seu médico.

Óleo de mostarda e cânfora

Tomar 2 colheres de sopa (cerca de 30 ml) de óleo de mostarda ou qualquer outro óleo vegetal. Aqueça-o bem. Dissolver cerca de 2 gramas de cânfora no óleo. Aplicar este óleo suavemente em todo o peito, pescoço e costas. Não massajar. Deixar o óleo trabalhar durante alguns minutos. Mais tarde, dar um fomento seco. Esta é uma medida simples, geralmente boa para todas as idades. Certifique-se de que a sua pele não é alérgica à cânfora.

Usando vapor

A investigação demonstrou que os antibióticos não são eficazes para o tratamento da bronquite. Pode fazê-lo apenas tomando um duche quente ou deitando água quente fumegante numa tigela e inclinando-se sobre ela. A inalação do vapor ajudará a soltar as secreções nos pulmões para tornar o tratamento com vapor ainda mais eficaz. Adicione algumas gotas de óleo de eucalipto à água quente, ajudará a amolecer o muco nas vias respiratórias obstruídas e tem algumas propriedades antibacterianas.

Gengibre e Pimenta Preta

Adicionar uma colher de chá de cada pó de gengibre e pimenta preta a uma chávena de água a ferver. Ferver durante alguns minutos, depois adicionar um pouco de mel e beber duas vezes por dia.

Curcuma e Leite

Um dos remédios caseiros contra a Bronquite inclui a combinação de açafrão-da-terra e leite. Adicione uma colher de chá de curcuma em pó a um copo de leite e ferva-o durante alguns minutos. Beba-o duas a três vezes por dia.

Sementes de Sésamo

As sementes de sésamo têm propriedades medicinais que podem curar a bronquite e ajudar a aliviar a congestão torácica associada a ela. Misturar meia colher de chá de pó de sementes de sésamo e duas colheres de sopa de água e tomá-la duas vezes por dia.

Sopa de Tomate

A sopa de tomate é extremamente rica em vitamina C, o que ajuda a reduzir a formação excessiva de muco durante a bronquite. Beba sopa de tomate pelo menos duas vezes por dia para se livrar de uma tosse por bronquite.

Sal Epsom

O sal de Epsom pode trazer alívio dos sintomas da bronquite, especialmente quando se sofre de bronquite aguda. Pode tomar um banho de sal Epsom adicionando algumas colheres de sopa de sal Epsom na água do banho; mergulhe na água durante meia hora.

Água salgada

Adicionar uma colher de chá de sal a um copo de água morna e utilizá-lo para gargarejar várias vezes ao dia. Isto irá acalmar a inflamação da garganta. Além disso, cortará parte do muco que pode irritar a garganta, ter cuidado para não usar demasiado sal, pois pode causar sensação de queimadura na garganta e muito pouco seria ineficaz. Não se esqueça de cuspir a água depois de gargarejar.

4. Queimaduras

- Uma pasta feita de curcuma em pó e água, aplicada localmente, proporciona alívio imediato a uma lesão por queimadura, tal como recomendado pela Ayurveda indiana.
- O óleo de sésamo, aplicado sobre a pele queimada afectada, proporciona um alívio igualmente bom.

Ingredientes: Cúrcuma e óleo de gergelim

Cúrcuma e Mel

5. Frio comum

A Ayurveda designa uma constipação comum como Prathishyaya. A vacinação de Vata e Kapha individualmente ou em conjunto, está geralmente envolvida na doença. O frio é provavelmente a doença mais frequentemente encontrada no corpo humano e, por conseguinte, torna-se "frio comum". As alergias a alterações climáticas ou infecções por um vírus são consideradas como factores causadores importantes da constipação comum. Como resultado, as membranas mucosas do tracto respiratório superior inflamam-se. Isto leva a sintomas como espirros, corrimento nasal, dor de cabeça, dor de garganta e dores no corpo.

Frio comum

Ingredientes:

Pimenta preta, casca de canela, gengibre, mel, limão, leite, açúcar e curcuma.

Receitas comuns:

- Ferver cerca de 5-10 gms pequenas fatias de gengibre acabado de cortar num copo de água durante 5 minutos. Adicionar uma colher de chá cheia de açúcar para realçar o sabor.
- Esfregue a decocção através de um coador de chá. Beber este chá 4-6 vezes por dia asseguraria o alívio imediato do frio comum. Moer 4-6 sementes de pimenta preta. Adicionar este pó juntamente com uma pitada de curcuma a uma chávena de leite e fervê-la durante 2 minutos. Coar o leite através de um coador de chá.
- Beber isto na hora de dormir ajuda-o a dormir melhor ao evitar um nariz entupido e uma tosse seca nocturna causada por uma constipação comum. Pó grosseiro a casca de canela. Ferver cerca de 20 gms num copo de água, adicionando uma pitada de pó de pimenta preta e uma colher de chá

cheia de mel. Coe a decocção e beba-a quando estiver quente.

- Isto iria curá-lo da sua constipação. O limão é um remédio importante para os sintomas óbvios de uma constipação comum. Dilua o sumo de um limão num copo de água quente e faça uso do mel adicionando uma colher de chá à mistura.
- Tomar esta limonada duas ou três vezes por dia. Esta limonada rica em vitamina C aumenta a resistência corporal, diminui a toxicidade e reduz a duração da doença.

6. Obstipação

A obstipação é conhecida como Vibandha na Ayurveda. As causas que levam à obstipação são hábitos alimentares irregulares e hábitos intestinais irregulares, para além de razões psicológicas. Vata é o dosha que está predominantemente envolvido com Vibandha. Caracteriza-se por dor no abdómen inferior, fezes escassas ou defecação dolorosa, fezes secas, dores de cabeça e dores lombares.

Ingredientes: *Mirobalano Belérico,* Pimenta Preta, Óleo de Rícino, Mirobalano Chebólico, Groselha da Índia, Senna da Índia, Casca de Isapgula, *Cássia Purgante* e Pétalas de Rosa

Remédios naturais para a obstipação

Receitas comuns:

Uma dieta natural e simples é um factor significativo na prevenção da obstipação. Coma muitos vegetais verdes, cereais, farelo, frutas frescas e secas, leite e produtos lácteos, etc. Deve-se evitar cuidadosamente dietas defeituosas, ingestão de alimentos ricos e refinados sem minerais e vitaminas, comer em excesso, consumo excessivo de carne, uso regular de purgantes e excesso de chá ou café forte. Se for propenso à obstipação habitual, tomar água quente frequentemente durante o dia ajudá-lo-á. Os alimentos devem ser devidamente mastigados e devem ser tomados de acordo com o horário, evitando horários de refeições estranhos. Misturar os três miobalanos (groselha indiana, miobalano chebólico e miobalano belga) na mesma proporção e moê-los num misturador e peneirar. Consumir este pó com um copo de água morna duas ou três vezes por dia.

- Ajuda a aliviar a obstipação.
- Num copo de água fria, misturar uma colher de chá cheia de casca de Isapgula. Tomar esta solução seguida de outro copo de água. Este remédio é muito útil para a obstipação.
- Beber esta água de manhã ajuda a regular o movimento intestinal.
- Misturar uma parte de senna indiana, 2 partes de mirobalano chebólico, e uma parte de groselha indiana.

7. Diarreia

Esta condição é denominada como Atisara na Ayurveda. A diarreia pode ser causada por qualquer uma das seguintes causas: ingestão de alimentos de qualquer qualidade particular em excesso; alimentos incompatíveis com o seu prakriti ou com variações sazonais; ingestão de alimentos não bem cozinhados; água ou outras bebidas contaminadas, etc. Além disso, na Ayurveda, a diarreia é também descrita como sendo induzida por causas mentais e por toxinas. Atisar é classificado em 7 tipos distintos, nomeadamente Vataja, Pittaja, Kaphaja, Bhayaja (causado pelo medo), Tridoshaja, Shokaja (causado pela dor) e Raktatisara (diarreia associada à hemorragia).

Ingredientes: Soro de leite, leitelho, banana crua, sementes de papoila e romã

Receitas comuns:

- Durante a diarreia, assegure-se de que está numa dieta adequada para superar a desidratação, tal como aconselhado pelo seu médico.

- Os remédios caseiros são apenas abordagens complementares. O soro de leite e o leitelho são considerados remédios eficazes para a diarreia.

- O soro de leite é a porção líquida da coalhada enquanto o leitelho é obtido por batedura da coalhada depois de a gordura ter sido removida. Tomar qualquer um deles em pequenos volumes a intervalos frequentes.

- A banana crua é um adstringente eficaz e é amplamente recomendada como dieta para o tratamento da diarreia. Corte uma banana crua em três pedaços e amoleça-os numa panela de pressão utilizando um volume adequado de água.

- Drenar o excesso de água. Separar a casca e triturar o poço de polpa amolecida. Numa frigideira, assar um pequeno volume de sementes de papoila até estas ficarem castanhas. Triturá-las para obter um pó fino. Adicionar este pó ao puré de banana juntamente com uma pitada de sal.

- Esta receita deliciosa e nutritiva controla a diarreia através das suas propriedades adstringentes. A casca seca de uma romã é um remédio inestimável para a diarreia.

- Um pó fino desta casca, 1 gm duas vezes por dia, tomado com leitelho ajuda a verificar a frequência dos movimentos soltos.

8. Febre

A Febre ou Jwar é uma das entidades mais exaustivamente descritas na Ayurveda. Treze tipos de febre são descritos na Ayurveda - Vataja, Pittaja, Kaphaja, Vata-Pittaja, Vata-Kaphaja, Tridoshaj (febres intrínsecas), Agantuja (febre extrínseca), Kamaja (relacionada com o sexo), Shokaja (ansiedade induzida), Vishama jwar (malária), Krodhaja (raiva induzida) e Bhuta-vistha (de origem desconhecida). Dependendo do envolvimento doshic ou de outros factores, observam-se sintomas adicionais para além da elevação da temperatura. Para o tratamento da febre palúdica, pode-se verificar os remédios caseiros para a febre palúdica. Os factores causadores da febre são diversos e, por conseguinte, o tratamento é igualmente variado. Na maioria das febres, a presença da mente e do senso comum no tratamento de uma situação vai de acordo com as leis da natureza.

Receitas comuns:

- Esponjar a testa e o corpo com água fria é uma prática comummente recomendada em febre alta e em febre devido à insolação. Para melhores resultados, adicionar 1 colher de chá cheia de água das rosas à água fria antes da esponja. Pode-se até adicionar a água das rosas a um saco de gelo e utilizá-la para esponja.
- Tirar cerca de 20 folhas frescas de manjericão sagrado. Tomar um pequeno pedaço de gengibre e cerca de 5 grãos de pimenta preta. Ferva-os juntos no seu chá e beba o líquido quente.
- Nunca tente alimentar uma pessoa à força com febre, pois o corpo está a lutar para combater a febre e a comida só pode agravar a situação (a pessoa é susceptível de vomitar).
- **Ingredientes:** Pimenta preta, Gengibre, Manjericão sagrado e água de rosas

Dicas Naturais para a Febre

9. Flatulência

A flatulência é conhecida como Anaha na Ayurveda. O dosha causador é Vata e caracteriza-se por rigidez no abdómen inferior, defecação escassa, e ocasionais problemas respiratórios.

Ingredientes: Sementes de Asafetida, Funcho e Ajowan

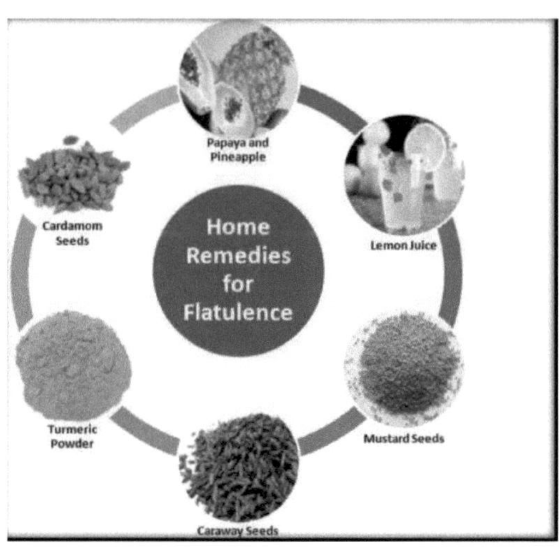

Receitas comuns:

- Pegar numa pitada de asafetida e dissolvê-la numa chávena de água quente. Beba esta água quando estiver suficientemente fresca.
- Assar levemente uma colher de sopa cheia de sementes de funcho. Uma vez arrefecidas a uma temperatura suportável, mastigá-las completamente em doses divididas. Após as duas primeiras doses, experimentarão um grande alívio.
- Pegar numa colher cheia de sementes de Ajowan e engolir instantaneamente juntamente com uma chávena de água quente de Luke para alívio imediato.

10. Sunstroke

Sunstroke é conhecida como Surya Santap em Ayurveda. Surya Santap (exaustão do calor) leva à trishna (sede excessiva). Pitta dosha está principalmente envolvida na trishna da surya santap.

Caracteriza-se por um sabor amargo na boca, uma sensação de ardor na cabeça, uma tonalidade amarelada nos olhos, matéria fecal e urina para além de inconsciência. As pessoas afligidas pela trishna gostam de tomar bebidas frias. A exaustão do calor é endémica a climas quentes como a Índia (verões longos e rigorosos). A pessoa sofre de febre alta, sede, batimentos de pulso rápidos, ausência de suor e confusão. Uma pessoa mais severamente afectada pode perder completamente a consciência.

Ingredientes: Mangas cruas e água de rosas

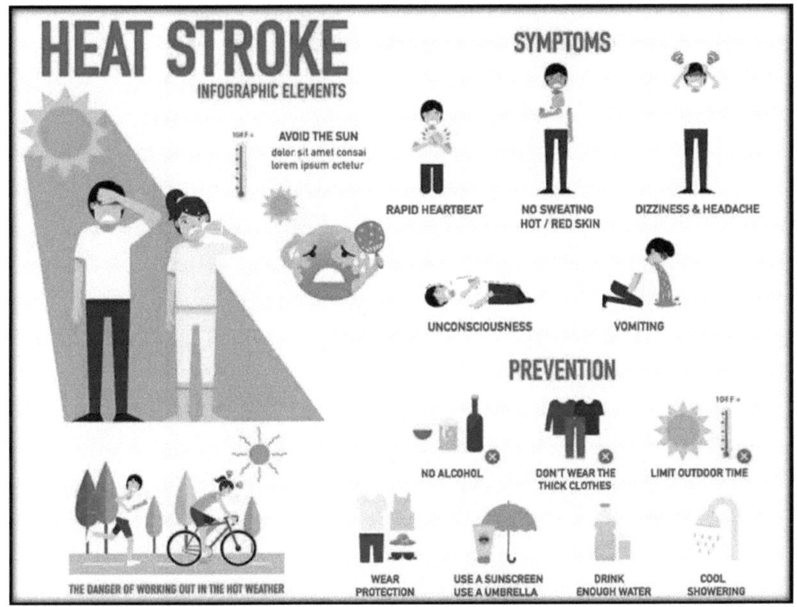

Receitas comuns:

- A esponja fria em todo o corpo é a medida mais simples. Para melhores resultados, adicionar uma colher de chá cheia de água das rosas à água fria antes da esponja.
- A pessoa deve receber líquidos adequados, se a situação o permitir.

- Se estiverem disponíveis mangas cruas, ferver duas mangas em dois copos de água durante 15-20 minutos. Coar o conteúdo cozido e dá-lo à pessoa afectada. Usar meia chávena ou mais de cada vez. Pode adicionar-lhe sal ou açúcar.

11. Indigestão

Isto é conhecido como Ajeerna em Ayurveda. É o resultado do jejum ou consumo de alimentos antes da digestão da ingestão anterior de alimentos. Hábitos alimentares inoportunos, alimentos pesados ou secos, causas psicológicas como medo, raiva, ciúmes, etc., supressão de impulsos naturais e ingestão excessiva de água causam indigestão. Uma redução da actividade de Pitta com um Kapha excessivo caracteriza o perfil doshic da indigestão.

Ingredientes: Ajowan, Asafetida, folhas de caril, Limão, Mentha, Sal grosso e Mel.

Remédios Naturais para a Indigestão

1. Asafetida

Para este remédio caseiro para a indigestão, misturar 5 gramas de asafetida com um copo de água quente. Adicionar uma colher de chá cheia de açúcar para melhorar o sabor. Embora cheire mal enquanto engolir, alivia rapidamente o seu sistema de flatulência e ajuda a aliviar a indigestão.

2. Óleo de menta

Adicionar 2 gotas de óleo de hortelã numa chávena de água morna e beber imediatamente. Proporciona alívio imediato de agarrar e flatulência.

3. Folhas de caril

Lavar cerca de 20-25 folhas de caril fresco com água fria. Extrair o sumo destas folhas. Numa chávena de água simples, adicionar cerca de 1 colher de chá cheia de sumo de limão e o sumo das folhas de caril. Adicionar 1 colher de chá cheia de mel a esta mistura e beber sempre isto quando estiver fresco.

Alivia as náuseas, vómitos e flatulência induzidos pela indigestão.

4. Ajowan Seeds

Os remédios caseiros para a Indigestão também incluem a utilização de sementes de Ajowan. Misturar uma colher de chá de sementes de Ajowan com 1/2 colher de sal grosso. Consumir a mistura com um copo de água. Isto irá livrar-se instantaneamente da flatulência e de distúrbios estomacais.

5. Sementes de Coentros

As sementes de coentros são conhecidas pelas suas propriedades anti-inflamatórias que o aliviam de uma perturbação, estômago ou indigestão. Estimulam ainda mais o seu processo digestivo. Os coentros consistem num óleo essencial chamado óleo de urand que desintoxica o fígado e aumenta o apetite e a indigestão curativa. Tome água infusa de sementes de coentros durante cerca de uma semana para ver a diferença.

6. Limão e Mel

Tomar 1 copo de água morna adicionar 1 colher de chá de sumo de limão. Em seguida, adicionar 1 colher de chá de mel. Misturar bem e beber após cada refeição. O limão e água quente com mel é um dos remédios caseiros eficazes para a indigestão.

7. Cenouras

As cenouras são conhecidas como alimentos poderosos e podem ajudar o estômago a melhorar. Num liquidificador, misturar algumas cenouras, uma banana e um pouco de água. Beba este sumo. Ajudará a barriga a absorver todos os ácidos e gases que estão a causar desconforto no estômago.

8. Sementes de Carom

Um dos remédios caseiros eficazes para a indigestão é assar uma colher de chá de sementes de carom numa frigideira, deixar as sementes arrefecer e esmagá-las levemente. Com um rolo, misturar juntamente com uma pitada de sal. É muito eficaz para dores de estômago e proporciona alívio de gás também.

9. Iogurte

O iogurte é um remédio muito eficaz para as pessoas que têm diarreia e indigestão. Misturar algumas sementes de cominho esmagadas e sal numa tigela de iogurte e tê-lo pelo menos duas vezes por dia.

10. Gengibre

A dd algum gengibre ralado a um copo de água quente, adicionar uma colher de chá de mel e um gole. Também se pode adicionar gengibre a outras formas de chá para curar o problema da indigestão. A combinação de mel de gengibre é a melhor bebida para o refluxo ácido.

12. Dores nas articulações

As dores articulares foram amplamente classificadas em Sandhivata e Ama Vata pela Ayurveda. Enquanto o Ama Vata se correlaciona com a artrite reumatóide em termos de patologia, o outro tipo é próximo da artrite do envelhecimento. Em ambas as formas de dores articulares, há um envolvimento de Vata.

Ingredientes: Óleo de mostarda, gengibre seco, pimenta preta e sal preto

Receitas comuns:

- A massagem da articulação afectada tem sido o melhor remédio mencionado e observado pela experiência. Os benefícios da massagem podem ser amplificados se a massagem for feita com óleo de mostarda quente. O óleo pode não oferecer um odor muito agradável, mas uma massagem com isto assegura alívio.

- Moa no seu almofariz e pilão partes iguais de gengibre seco, pimenta preta e uma pitada de sal preto. Tome uma colher de chá cheia desta mistura com água.

12. Perda de apetite

Perda de apetite e indigestão são entidades estreitamente ligadas de perturbação digestiva na Ayurveda. Agnimandhya é o termo utilizado para denotar a perda de apetite enquanto que Ajeerna denota indigestão. Um equilíbrio harmonioso entre Vata e Pitta contém a essência de um apetite normal. Uma viciação no seu equilíbrio mútuo poderia levar a uma perda de apetite. Hábitos alimentares irregulares provocam uma viciação em Pitta enquanto problemas psíquicos como ansiedade, medo ou causas físicas como a supressão de impulsos impeditivos levam a um desequilíbrio em Vata. Ambas estas sequências conduzem a perturbações nos níveis normais de apetite.

Sementes de Ajowan Mel

Ingredientes: Sementes de Ajowan Mel, groselha indiana Asafetida, folhas de manjericão Pimenta longa, leite de pimenta preta, sal preto Sementes de mostarda, noz-moscada de leitelho, casca de canela Romã, sal de romã, sal de romã de cravinho, coentros Pequeno cardamomo, açúcar de sementes de cominho, sementes de funcho Polpa de tamarindo e gengibre.

Receitas comuns:

- Extracto sobre uma chávena de sumo de sementes de romã. Adicionar uma pitada de sal grosso e uma colher cheia de mel. Tomar esta solução remove lentamente o mau gosto da boca e aumenta o seu apetite!

- Tomar partes iguais de sementes de mostarda, asafetida, gengibre, sementes de cominho e sal preto e moer a mistura até obter um pó fino. Adicionar esta mistura a um copo de leitelho e beber uma hora antes das refeições para aumentar o apetite.

- Misturar bem uma colher de pó de groselha da Índia, manteiga clarificada e mel. Tomar esta pasta antes das refeições para melhorar o apetite.

Ingredientes: uma parte de cravinho, noz-moscada e pimenta longa, 3 partes de groselha da Índia e 8 partes de gengibre. Triturar a mistura para obter um pó fino. Adicionar açúcar suficiente para que o sabor seja palatável. O consumo de uma colher desta mistura duas ou três vezes por dia ajuda a recuperar o apetite perdido.

- Misturar em partes iguais a casca de canela, pequenos cardamomos, sementes de coentros e sementes de funcho. Mergulhar a mistura em água fria durante a noite. Esfregar esta mistura com um coador de chá. Beber esta infusão fria de manhã cedo ajuda a criar um apetite.

- Mergulhar cerca de 10 gramas de tamarindo numa chávena de água quente durante 30 minutos. Espremer a massa para obter o sumo de tamarindo. Acrescentar uma pitada de sal de mesa ao seu gosto. Adicionar cerca de 2 gramas de sementes de ajowan em pó.

- Tomado antes das refeições, este sumo melhora o apetite. Em alternativa, é possível diluir 1/2 colher de chá de polpa de tamarindo num copo de água para este fim.

- O chá de manjericão é uma bebida eficaz para aumentar o apetite. Tomar cerca de 20 gms de folhas de manjericão e fervê-lo em 250 ml de água até que a quantidade seja reduzida a metade do volume original.

13. Dores musculares

- Quase todas as dores, incluindo dores musculares no corpo, são descritas como Vataja em origem na Ayurveda.

Óleo de Cominho

- **Ingredientes:** Mentol, óleo de cominho e óleo de gergelim

Receitas comuns:

- Aquecer cerca de 50 ml de óleo de gergelim suavemente e aplicá-lo quando quente sobre a parte afectada, depois de tomar o fomento quente.

- Dissolver 3 cristais de mentol e 2 gotas de óleo de cominho em 3 colheres de chá de óleo de sésamo. Para melhores resultados, pode usar óleo de gergelim quente. Aplicar isto na porção afectada seguida de uma massagem suave para um alívio rápido das dores musculares.

14. Náusea

Limão fresco

Ingredientes: Gengibre fresco, limão fresco e sal preto

Receitas comuns:

- Cortar um limão em duas metades. Polvilhe uma pitada muito pequena de sal preto sobre a superfície cortada, e lambe-a. O forte aroma do limão aliado ao sabor salgado irá fazê-lo sentir-se melhor.
- Cortar uma fatia de gengibre. Mastigue-a durante algum tempo. Pode usar sal preto para dar um sabor salgado ao gengibre.

15. Throat

- A dor de garganta tem sido mencionada como um sintoma prodrómico de constipação comum na Ayurveda. Tem sido descrito como uma dor de picada na garganta. Os Vata-Kapha estão normalmente envolvidos na causa da dor de garganta.

Ingredientes:

- Ajowanseeds, pimenta preta, casca de canela, sementes de feno-grego, mel, alcaçuz e
  Sal de mesa.

Pimenta preta

Receitas comuns:

- Mergulhar duas colheres de chá de sementes de ajowan em água fria. Acrescentar uma pitada de sal comum. Utilizar esta infusão como gargarejo comum alivia substancialmente a dor aguda de garganta.

- Pó grosseiro a casca de canela. Ferver uma colher de chá cheia deste pó em água. Coe o extracto e adicione uma pitada de pimenta preta e uma colher de chá cheia de mel. Consumir esta decocção a cada três horas durante o dia cura uma dor de garganta.

- Duas colheres de sopa de sementes de feno-grego devem ser adicionadas a um litro de água fria e fervida numa chama suave. Isto deve ser autorizado a arrefecer a uma temperatura que poderia ser tolerada pela cavidade bucal. Esfregar esta mistura e gargarejar com ela várias vezes ao dia. Isto cura uma dor de garganta.

- O alcaçuz é um remédio bem reconhecido para a dor de garganta. Colocar um pequeno pedaço de alcaçuz cru na boca e mastigá-lo regularmente. Dá um efeito calmante à dor de garganta.

- A decocção de folhas de chá comuns com uma pitada de sal de mesa é utilizada para gargarejar. Este pode ser usado duas ou três vezes por dia para se ver livre de uma dor de garganta.

16. Feridas

- As feridas têm sido descritas na Ayurveda como Vrana. Foram descritos quase todos os tipos de feridas, incluindo as traumáticas.

- O envolvimento doshic em Vrana é normalmente tridoshaja. Contudo, o envolvimento de doshas varia com a fase de Vrana.

- Por exemplo, se a dor é um sintoma caracterizador, o envolvimento é de Vata. Se o Vrana estiver em fase avançada, o envolvimento de Pitta é predominante. Quando a infecção leva à formação de pus, o envolvimento de Kapha é notado. As receitas mencionadas são para feridas menores.

- Para feridas graves e se a cicatrização não for adequada consulte imediatamente o seu médico e tome os tratamentos adequados.

Curcuma

Ingredientes: Curcuma

Receitas comuns:

- A aplicação de pasta de açafrão-da-índia ou mesmo pó de açafrão-da-índia sobre a área afectada proporciona ajuda, uma vez que se sabe que o açafrão-da-índia contém princípios antibacterianos.

- Um pedaço de açafrão-da-terra cru (sem energia) ou, em alternativa, uma colher de chá cheia dele fervido num copo de leite tomado internamente oferece alívio da dor associada a feridas.

17. Dor de dentes

Dentes bons e saudáveis são um equilíbrio surpreendente de beleza estética e engenharia. A principal causa da dor de dentes é a cárie dos dentes, que resulta da decomposição das partículas alimentares sobre eles. É basicamente uma quebra ou destruição da estrutura dentária por desmineralização.

Os açúcares e hidratos de carbono presentes na boca produzem ácidos como resultado de um ataque microbiano. Estes ácidos corroem os dentes causando cárie dentária. Existem vários remédios caseiros para as dores de dentes que podem ajudar a reduzir a dor.

Ingredientes para o Tratamento da Dor de Dente: Óleo de Cravinho, Alho, Cebola, Asafetida, Gengibre, Pimenta de Caiena, Álcool, Óleo de hortelã-pimenta, Água salgada, Pepino e Cúrcuma

Óleo de cravo-da-índia

Óleo de cravo-da-índia

Desde os tempos antigos, os ayurvédicos indianos utilizam o cravinho aromático e o seu óleo para se livrarem das dores de dentes. Não só ajuda a aliviar a dor, como também ajuda a livrar-se da dor causada nas gengivas devido à dor de dentes. O óleo de cravo é maioritariamente extraído do rebento e caule do cravinho eugenol. Este remédio caseiro para a dor de dentes ajuda a aliviar a dor ao entorpecer o nervo.

Ingredientes

- Duas a três gotas de óleo de cravo-da-índia
- Uma bola de algodão
- Meia colher de chá de azeite de oliva

Método

- Tomar duas a três gotas de óleo de cravo e misturá-lo com meia colher de chá de azeite de oliva
- Embeber uma pequena bola de algodão e aplicar sobre a zona dentária afectada
- Mantenha-o na área afectada durante algum tempo até a área começar a sentir-se entorpecida e a dor diminuir.
- Lavar a boca com água
- Repetir pelo menos uma vez por dia durante 2-3 semanas ou até ao momento em que a dor tenha desaparecido completamente
- O óleo de cravo pode também ser misturado com óleo de coco e aplicado na área afectada para melhores resultados.

Alho

GARLIC

Um dos remédios caseiros para a dor de dentes inclui a utilização de Alho. Sendo um antibiótico, o alho proporciona um imenso alívio das dores de dentes.

Ingredientes

- Uma ou duas cápsulas de alho

- Sal e pimenta (de acordo com a quantidade da pasta)

Método

- Tomar duas a três vagens de alho e esmagá-las com sal e pimenta
- Aplicar a mistura na área afectada e mantê-la até que a dor diminua
- Repetir o tratamento diariamente ou até ao momento em que a dor tiver diminuído

Cebolas

As cebolas também são antibacterianas e anti-sépticas por natureza e são uma grande ajuda no controlo da dor de dentes. A cebola é um dos vários remédios caseiros para a dor de dentes que pode proporcionar alívio da dor ao matar infecções causadoras de germes.

ONIONS

Ingredientes

- Uma fatia de cebola crua (descascada)

Método

- Pegar na fatia de cebola e mantê-la sobre o dente afectado
- Morder a cebola e mantê-la pressionada entre os dentes durante 10 minutos
- Lavar a boca com água
- Repetir pelo menos uma vez por dia durante 2-3 semanas

Embora o sabor de uma cebola crua seja demasiado forte, mas o efeito permanece longo.

Asafetida

ASAFETIDA

Para este remédio para a dor de dentes, o ingrediente principal é Asafetida. Com a utilização de Asafetida, é possível tratar as dores de dentes e as gengivas que sangram e manter intacta a saúde das gengivas e dos dentes.

Ingredientes

- Apinch de asafetida
- Uma colher de chá   de sumo de limão
- Bola de acotão

Método

- Misturar uma pitada de asafetida numa colher de chá de sumo de limão e aquecê-la ligeiramente
- Usar uma bola de algodão e pincelá-la na mistura
- Em seguida, aplicar a bola de algodão embebido na área afectada e mantê-la ligada durante 10-15 minutos

- Usar o tratamento uma ou duas vezes por semana ou até ao momento em que a dor tenha desaparecido completamente.

- Asafetida também pode ser ligeiramente frita em manteiga clarificada e aplicada nas gengivas e dentes afectados para alívio de dores de dentes.

Gengibre

GINGER

O gengibre e a pimenta de Caiena, quando misturados, fazem magia nas dores de dentes.

Ingredientes

- 1/2 colher de sopa de   pasta de gengibre

- 1/2 colher de chá de   pimenta de Caiena

- 2-3 gotas de azeite de oliva

Método

- Tomar meia colher de chá de pasta de gengibre e misturar com quantidades iguais de pimenta de Caiena

- Misturar duas a três gotas de azeite e aplicar a mistura sobre a zona dentária afectada

- Manter a mistura ligada durante 10-15 minutos

- Em seguida, enxaguar a boca com água morna

- Repetir o processo uma ou duas vezes por semana

Álcool

ÁLCOOL

Embora o álcool não seja recomendado por demasiados médicos, pode ajudar a aliviar as dores de dentes. Mas no caso de ter crianças em casa com dores de dentes, recomendamos que ignore a administração deste remédio caseiro a elas. Ao dizer álcool, referimo-nos à aplicação de álcool no local da dor e não ao consumo.

Ingredientes

- Uma colher de whisky

- Uma pequena bola de algodão

Método

- Mergulhar uma bola de algodão numa colher de whisky e espremer o excesso

- Colocar o algodão sobre o dente dorido e deixá-lo ligado durante algum tempo

- Repetir o processo sempre que necessário

Óleo de hortelã-pimenta

PETRÓLEO PEPPERMINT

O óleo de hortelã-pimenta também ajuda em grande medida a entorpecer as dores de dentes.

Ingredientes

- 2-3 gotas de óleo de hortelã-pimenta
- 2-3 gotas de azeite de oliva

Método

- Pegar num pequeno cotonete de algodão e mergulhá-lo em poucas gotas de óleo de hortelã-pimenta e azeite
- Colocar a bola de algodão na área afectada durante 10-15 minutos até que a dor desapareça
- Repetir quando necessário

Água salgada

SALTWATER

Devido aos vários tipos de açúcares que são deixados na boca, as bactérias desenvolvem-se em infecção e produzem ácido láctico. O ácido começa então a corroer em esmalte e dentes, o que causa dores imensas. A água salgada, que é um dos remédios caseiros eficazes para a dor de dentes, ajuda a superar a dor e a neutralizar o ácido láctico.

Ingredientes

- Um copo de água
- 1/2 colher de chá de sal marinho

Método

- Pegue numa chávena de água e aqueça-a até à temperatura que se pode pôr na boca
- Depois disso, adicionar meia colher de chá de sal marinho e misturar correctamente
- Lavar a boca com água salgada
- Repetir por 10-15 vezes ou até ao momento em que a dor começou a murchar
- Repetir o processo uma ou duas vezes por dia durante 3-4 semanas

Pepino

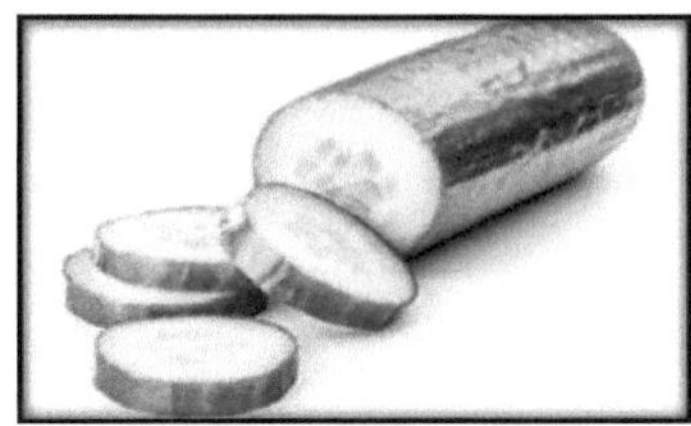

CUCUMBER

O pepino é conhecido pelo seu efeito calmante e refrescante e por isso funciona incrivelmente bem como um remédio para a dor de dentes. Tem também efeitos hemostáticos que reduzem o fluxo sanguíneo para a área afectada pela dor, o que resulta na diminuição da dor.

Ingredientes

- Uma colher de pepino ralado

- Poucas gotas de sumo de limão

Método

- Tomar uma colher cheia de pepino ralado e misturar com algumas gotas de sumo de limão

- Pegue na mistura e aplique na área afectada e mantenha-a durante 10 minutos

- Quando a dor diminuir, lavar a boca com água fria e repetir o processo diariamente, se necessário

Curcuma

TURMÉRICA

As suas propriedades antibacterianas e anti-sépticas ajudam a aliviar a dor e curar a zona gengival e dentária em caso de uma infecção ou abcesso.

Ingredientes

- ½ colher de chá de curcuma
- Poucas gotas de óleo de mostarda (quente)
- 1 bola de algodão

Método

- Misturar óleo e curcuma para fazer uma pasta espessa
- Utilizar a bola de algodão para a aplicar sobre o dente afectado
- Deixar repousar durante 10 minutos
- Balançar a boca com água para evitar engolir a pasta
- Repetir pelo menos uma vez por dia ou até que a dor tenha diminuído, para melhores

resultados

18. Diabetes

A diabetes é uma doença metabólica crónica em que o corpo é incapaz de fazer um uso adequado da glicose, resultando na condição chamada hiperglicemia (elevado nível de açúcar no sangue) e glicosúria (o excesso de glicose no sangue acaba por resultar na presença de elevados níveis de glicose na urina). Segundo a Ayurveda, a Diabetes ou Prameha é classificada como uma doença importante que, se não for tratada a tempo, pode levar a várias complicações no corpo, incluindo problemas oculares, dores nas articulações, doenças cardíacas, danos nos nervos, impotência, insuficiência renal e mais. Aqui estão vários remédios caseiros Ayurveda que são considerados muito eficazes no tratamento da diabetes e na redução dos níveis de açúcar no sangue:

1. Folhas de manga

Ferver 15 folhas de manga fresca em 1 copo de água. Deixar repousar de um dia para o outro. Filtrar esta água e bebê-la logo pela manhã. As folhas de manga tenras são muito eficazes para tratar a diabetes, regulando os níveis de insulina no sangue.

2. Folhas de manjericão

As folhas de manjericão (Tulsi) são embaladas com antioxidantes que aliviam o stress oxidativo e têm óleos essenciais que ajudam a baixar os níveis de açúcar no sangue no corpo. Tomar 2 colheres de sopa de sumo extraído das folhas de manjericão e beber com o estômago vazio de manhã regularmente para manter o seu nível de açúcar no sangue sob controlo.

3. Amla (groselha-da-índia)

A Vitamina C presente na groselha da Índia (Amala) promove o bom funcionamento do pâncreas. Extrair o sumo da fruta e tomar 2 colheres de chá do sumo misturado com um copo de água. Consumir esta bebida diariamente de manhã com o estômago vazio para manter o seu nível de açúcar no sangue sob controlo. (Ou) Tomar duas colheres de chá de sumo de Amala com uma pitada de curcuma em pó, de manhã cedo, regularmente.

4. Sementes de Feno-Grego

As sementes de feno-grego são uma rica fonte de fibras úteis para o controlo da diabetes. As sementes de feno-grego podem ser embebidas em água durante a noite e devem ser tomadas de manhã cedo antes do seu pequeno-almoço. As sementes também podem ser pulverizadas e misturadas com leite. Repita este remédio diariamente durante alguns meses para controlar os níveis de açúcar no sangue.

5. Cabaça amarga

O sumo de cabaça amarga/Karela (30 ml) deve ser tomado de estômago vazio diariamente de manhã cedo para controlar a sua diabetes.

Remédios caseiros para a diabetes

6. Canela em pó

Este é um dos remédios caseiros naturais importantes para a Diabetes. Primeiro tome um litro de água potável. Adicione 3-4 colheres de sopa de canela em pó e aqueça-a durante 20 minutos. Esfregue a mistura e deixe-a arrefecer. Beba-o todos os dias!

7. Folhas de caril

As folhas de caril são úteis na prevenção e controlo da diabetes, uma vez que têm propriedades anti-diabéticas. Basta mastigar diariamente cerca de 10 folhas de caril fresco pela manhã. Para melhores resultados, continuar este tratamento durante três a quatro meses. Também ajuda a reduzir os níveis elevados de colesterol e obesidade.

8. Dedo de Senhora

O quiabo, também chamado dedo feminino, tem constituintes tais como moléculas de polifenol que podem ajudar a reduzir os níveis de glicose no sangue e a controlar a diabetes. Corte as extremidades de poucos okras e pica-os em vários locais utilizando um garfo. Mergulhar os okras num copo de água de um dia para o outro. De manhã, deitar fora os okras e beber a água com o estômago vazio. Faça isto diariamente durante várias semanas para controlar os seus níveis de açúcar no sangue.

9. Tulsi

O Tulsi está cheio de antioxidantes e tem óleos essenciais que ajudam a baixar os níveis de açúcar no sangue. Bebe 2 colheres de sopa de sumo extraído do tulsi sagrado com o estômago vazio todas as manhãs.

10. Folhas de Bateria

Acredita-se que as folhas da coxinha são uma loja de propriedades medicinais que pode curar muitas doenças. O consumo de folhas pode manter os níveis de açúcar no sangue em controlo e purificar o sangue. Tomar um punhado de folhas de coxinha tenras, misturá-las numa batedeira e beber o sumo todas as manhãs regularmente.

19. Cancro

A Ayurveda recomenda uma série de ervas para a prevenção do cancro e existe um corpo crescente de estudos científicos que apoiam este conhecimento antigo. Aqui estão algumas ervas comuns que se provou terem propriedades anti-cancerígenas.

Amla

Amla é um super-alimento ayurvédico. É uma das fontes mais ricas em vitamina C e também contém quercetina, compostos filamentosos, ácido gálico, taninos, flavonóides, pectina e vários compostos polifenólicos, tornando-a o rei do rejuvenescimento. A investigação científica de três décadas provou que o uso tradicional do amla é correcto. Ensaios laboratoriais de extractos de amla demonstraram a sua capacidade de matar e prevenir o crescimento de células cancerosas, sem prejudicar as células saudáveis.

Alho

O alho contém enxofre, arginina, flavonóides e selénio. Os compostos bioactivos do alho são formados a partir da alicina quando o bulbo é cortado ou esmagado. A European Prospective Investigation into Cancer and Nutrition (EPIC), um estudo multinacional em curso em 10 países, demonstrou uma co-relação positiva entre o consumo de alho e cebola e a redução do risco de cancro. Estudos dos EUA, China e França mostraram que o consumo de alho está associado a uma redução do risco de cancro. O alho é um agente anti-bacteriano conhecido com a capacidade de parar a formação (2) e activação de agentes causadores de cancro. A Organização Mundial de Saúde recomenda pelo menos 2-5 gramas ou uma ampola de alho por dia para adultos.

3. Curcuma

Haldi é uma das ervas mais pesquisadas pelas suas propriedades anti-cancerígenas. É atribuída com valores antioxidantes, analgésicos, anti-inflamatórios e antissépticos. O principal componente do curcuma é a curcumina, que é um potente antioxidante que procura radicais livres e inibe o crescimento de células cancerosas. Quase 2000 artigos científicos publicados mostraram que a curcumina tem a capacidade de matar células cancerosas, sem prejudicar as células saudáveis.

Ashwagandha

Também conhecido como o ginseng indiano, tem sido utilizado para ajudar o corpo a lidar com o stress na Ayurveda. O seu valor anticancerígeno foi realizado há cerca de 40 anos quando investigadores isolaram um composto esteroidal cristalino (withaferina A) desta erva. Outras investigações sobre estes extractos, que foram retirados da folha de ashwagandha, mostraram que eram capazes de matar células cancerosas.

HolyBasil

Comummente conhecida como Tulsi na Índia, esta erva sagrada é conhecida pelos seus poderes curativos. É utilizada para melhorar a imunidade e combater o stress. A investigação demonstrou que também possui propriedades anti-inflamatórias, analgésicas, anti-diabéticas e anti-stress. Estudos demonstraram que os fitoquímicos presentes no tulsi preveniam os cancros induzidos quimicamente nos pulmões, fígado, oral e pele, aumentando a actividade antioxidante, alterando as expressões genéticas, matando células cancerosas e prevenindo a propagação do cancro a outras células.

Gengibre

A Ginger tem uma longa história de 2000 anos de uso medicinal. Os componentes activos do gengibre têm potentes propriedades anti-oxidantes e anti-inflamatórias e alguns exibiram actividade preventiva do cancro em modelos experimentais. Hoje em dia, existem vários estudos que apontam para o efeito preventivo do cancro do gengibre. Num estudo realizado pela Universidade de Michigan, o gengibre causou a morte de células cancerosas dos ovários. Outro estudo, publicado na Cancer Prevention Research, mostrou a diminuição da inflamação do cólon.

20. Pedras nos rins

- Pedras nos rins A abordagem básica para remover pedras nos rins é beber muita água e outros líquidos.

- Misturar 2 colheres de sopa de vinagre biológico de maçã e 1 colher de chá de mel *(shahad)* numa chávena de água quente. Beba isto algumas vezes por dia.

- Adicionar 2 colheres de chá de folha de urtiga seca a uma chávena de água quente e deixá-la mergulhar durante 10 minutos. Em seguida, coar e beber 2 a 3 chávenas diariamente.

- Misturar 1 colher de chá de sumo de manjericão *(tulsi)* e mel. Tomar isto diariamente pela manhã durante 5 a 6 meses.

- Tomar 2 a 3 fatias de Pão de Trigo Integral diariamente ajudará a diminuir o risco de pedra nos rins.

- Tomar 60g de feijão Kidney em 4 litros de água e aquecê-lo durante 4 a 5 horas. Esfregue o líquido e deixe-o arrefecer. Beber 1 copo deste líquido uma vez a cada 2 horas por dia durante cerca de uma semana.

- Adicionar 1 chávena de grama de Cavalo em 1/2 litro de água e aquecê-la até que o nível de água se reduza a 1/5. Esfregue e adicione 2 colheres de chá de sementes de romã esmagadas *(anaar)*. Tomar isto uma vez por dia.

- Misture 4 colheres de sopa de sumo de limão *(nimbu)* fresco e azeite. Beba esta mistura seguida de muita água. Fazer isto 2 a 3 vezes por dia.

21. Bicho de Anel

- Fazer pasta de Alho *(lahasun)* e aplicá-la na área afectada.

- Mergulhar as sementes de mostarda em água durante 30 minutos e moê-las em pasta espessa. Aplique isto sobre a pele infectada para obter alívio da comichão e irritação.

- Misturar o curcuma fresco *(haldi)* em pó com água e aplicá-lo sobre a parte afectada. Repetir 3 vezes por dia até que a infecção desapareça.

- Retirar o gel de Aloe Vera e aplicá-lo directamente sobre a pele irritante. Deixar repousar durante a noite e lavar no dia seguinte.
- Consumir folha de azeitona 3 vezes por dia até o problema ficar curado.
- Fazer pasta de erva-limão e aplicá-la na zona do Anel.
- Tomar 1/2 colher de chá de pó de folha de Neem e misturá-lo com pouca água para fazer uma pasta. Aplicar isto às erupções cutâneas várias vezes ao dia.

22. Vómitos durante a Gravidez

- Fazer Gengibre *(adarak)* em pó e tomar cerca de 250 mg, durante cerca de 3 vezes por dia.
- Tomar sumo se 15 a 20 folhas de caril, depois adicionar-lhe 2 colheres de chá de sumo de lima e 1 colher de chá de açúcar. Consumir isto 2 ou 3 vezes por dia.
- Mastigar 1 colher de chá de sementes de Funcho *(saumph)* após as refeições.
- Extrair sumo de 1 fruto Bael e adicionar 2 a 4 colheres de sopa do mesmo ao arroz cozido. Coma isto uma vez por dia.
- Misture sumo de limão com um pouco de água morna e beba um gole.
- Fazer algumas fatias de Limão e queimá-las sobre uma chama baixa. Agora seque-as sob o sol e faça-as em pó fino. Pode-se ter este pó cru ou misturá-lo com água e levá-lo

23. O que é a Depressão?

Sentimentos de tristeza intensa, desamparo, desespero e inutilidade que duram muitos dias a semanas e o impedem de funcionar normalmente podem muito bem ser depressão clínica. É uma condição médica tratável.

Causas

A depressão é causada por uma combinação de factores genéticos, biológicos, ambientais e psicológicos.

Remédios para a depressão em casa

- Cozinhar 3-4 colheres de sopa de farinha de aveia numa chávena de leite de arroz ou leite de soja. Ferver, mexer por um minuto e consumi-lo.
- Coma muitas sementes de Abóbora *(Kaddoo)*.
- Comer nozes, queijo e uma colher de vinagre de cidra de maçã juntamente com um copo de água.
- Adicione uma colher de chá de folhas de lavanda a um copo de água a ferver, arrefeça-o e beba três vezes por dia.
- Tomar arroz branco com bolbo de lírio, palma *(taad)* e tulipa *(surkh)* cozinhá-los juntos e consumi-lo.
- Pegar nas folhas quentes de abacate e colocá-las na testa.
- Tomar 5-7 folhas de alecrim *(mehandi) num* copo de água, fervê-lo e adicionar mel, esperar 3

minutos e depois beber.

- Tomar 1/4 colher de chá de manjericão *(tulsi)* e 1/2 colher de chá de salva por chávena de água quente e beber duas vezes por dia.
- Tomar pó de dois cardamomos verdes *(elaichi),* adicioná-lo a uma chávena de água a ferver, adicionar açúcar, beber este chá duas vezes por dia.
- Coma uma maçã com leite e mel.
- Adicionar algumas pétalas de Rosa frescas a uma chávena de água, adicionar açúcar e beber.
- Adicionar curcuma *(haldi)* e açúcar ao leite quente e consumi-lo durante pelo menos uma

semana.

- ☐ Misturar pó de noz-moscada *(japhal)* e sumo fresco de Amla. Consumi-lo três vezes por dia.

24. Fungos do pé

- Misturar o alho esmagado com vinagre branco e aplicá-lo em redor da zona infectada. Cobri-lo com uma ligadura e deixá-lo durante algumas horas. Repetir diariamente até o fungo desaparecer.
- Aplicar óleo de lavanda no dedo do pé infectado e deixá-lo durante 10 a 20 minutos. Mais tarde enxaguar e repetir isto várias vezes ao dia.
- Misturar um copo de Cornmeal e dois quartos de água numa pequena banheira e manter os pés

dentro dela.

- Ferver algumas folhas de Neem em água durante 10 minutos e deixar a água ser arrefecida. Agora lavar os pés com esta água duas vezes por dia regularmente.
- Fazer pasta de alho *(lahasun)* e misturá-la na água. Colocar o pé infectado nesta solução durante 15 minutos. Repetir isto duas vezes por dia.
- Tomar 1 parte de vinagre branco e 2 partes de água quente. Mergulhar os pés durante 15 minutos e fazer isto um par de vezes por dia.
- Aplicar e esfregar o Vinagre de Sidra de Maçã directamente em todas as áreas dos pés infectados.

25. O que são cálculos biliares?

As cálculos biliares são estruturas duras e calcificadas dentro da vesícula biliar que se formam devido à cristalização da bílis. Podem também resultar quando a vesícula biliar não esvazia normalmente.

Sintomas

Pode haver dores agudas e cólicas no lado superior direito do abdómen que se podem espalhar para as costas. Pode também acompanhar febre, náuseas, vómitos e icterícia.

Remédios caseiros de pedras Gall

Remédios para Pedras Gall

- Tomar 30 ml de limão *(nimboo)* com 30 ml de azeite *(jaitoonka tel)* e 5 gramas de pasta de alho *(lehsun)*, misturá-los e comer de manhã cedo uma vez por dia.

- Tomar 250 gramas de sementes pretas moídas *(kala dana)*, 250 gramas de mel puro *(shahad)* e uma colher de chá de óleo de sementes pretas misturado bem com 1/2 chávena de água quente. Consumir isto de manhã cedo, com o estômago vazio.

- Consumir 1/2 colher de chá de curcuma *(haldi)* diariamente.

- Misture os sumos de raiz de beterraba *(chukandar)*, Cenoura *(gaajar)*, Pepino *(kakadi)* e beba-o duas vezes por dia durante duas semanas.

- Beba uma colher de chá de vinagre de cidra de maçã misturado com sumo de maçã e consuma-o.

- Misturar 1/2 copo de água quente com 1/2 copo de sumo de Pêra *(nashpati)* com duas colheres de sopa de Mel dentro. Misture-os bem e beba-o três vezes por dia.

- Tomar uma colher de chá de cada raiz de uva Oregon, hortelã-pimenta e folhas secas de Dente-de-leão, 2 colheres de chá de raiz de marshmallow em 4 chávenas de água e fervê-la em fogo brando durante 15 minutos. Mais tarde arrefecer e consumir.

26. Cáries dentárias

- Tomar 1 gm de Asafoetida *(heeng)* numa colher ou espátula e aquecê-la em aquecedor ou fogão. Após o aquecimento, colocar o pó em cárie dentária. Escovar os dentes com *(neem)* galho diariamente.

Remédios para a dor de dentes em casa

- Misturar quantidades iguais de Pimenta e Sal Comum com algumas gotas de água para formar uma pasta. Aplicar a pasta directamente sobre o dente afectado.

- Mergulhar uma zaragatoa em extracto de Baunilha e aplicar a zaragatoa na zona afectada.

- Mastigar cebola crua, durante alguns minutos, para obter alívio da dor.

- Misturar um dente de alho esmagado *(lahasun)* com pouca quantidade de Sal de Mesa e aplicá-lo directamente sobre o dente afectado.

- Em pó de pimenta preta *(kali mirch)* durante 5-10 min. duas vezes por dia.

- Gargarejo com decocção de pimenta preta *(kali mirch)* duas vezes por dia.

- Preparar um esfregaço de óleo de noz-moscada *(/cuphal)* / óleo de cravo-da-índia *(lançamento)* e mantê-lo sobre o dente afectado durante algum tempo.

- Pimenta longa *(piplamul, lindi pepper, piplamool)* em pó misturada com mel *(shahad)* deve ser mantida na boca.

Cuidados com a pele dos medicamentos Ayurveda
1. Acne

Sendo a acne frequentemente associada à adolescência, é denominada Yuvanapidika na Ayurveda. A activação de Pitta e Kapha está geralmente envolvida no surto de espinhas. A acne devida à viciação de Pitta é geralmente vermelha, macia, pequena e tende a agravar-se com o tempo quente. Por outro lado, num tipo Kapha, as lesões são pálidas, duras, bastante grandes, têm uma secreção oleosa e tendem a agravar-se com o tempo frio.

Belericirobalan

Ingredientes:

Mirobalão Belérico, Pepino, Coalhada, Farinha de Gram, Mel, Groselha da Índia, Espinafres da Índia, Limão, Leite, Óleo de Sândalo e Cúrcuma

Ingredientes adicionais:

HerbalisedBentonite argila	6 parts
indiana lilás folhas em pó de	½ parts
sândalo Cânfora uma pitada de	¼ parts
água de rosas	
	1 part

Óleo de sândalo para perfumar.

Receitas comuns:

* Cumprir um horário alimentar adequado e evitar o consumo excessivo de chá, café, pickles, dietas gordurosas, bebidas gaseificadas, etc., evita o aparecimento de acne. A obstipação crónica deve ser cuidada com bastante antecedência.

* Lavar bem o rosto com água e limpá-lo com uma toalha limpa. Aplicar mel em todo o rosto com a ajuda de algodão e deixá-lo repousar durante a noite. Lavar o mel de manhã com água e sumo de limão. Praticar isto durante vários dias ajuda na cura das borbulhas.

* Fatie um pepino saudável e fresco e aplique as fatias sobre o rosto, olhos, pescoço, etc. Deixá-los repousar durante meia hora. É um bom tónico para o rosto e o seu uso regular previne espinhas e cabeças negras.

* Pó fino 20 gms cada de groselha indiana e Belericrobalan. Adicionar uma quantidade igual de farinha de grama finamente pulverizada e uma colher de mel, uma pitada de curcuma em pó e uma chávena de leite. Misturar bem esta solução e aplicar no rosto e deixar secar bem. Lavar o rosto com água fria e tentar evitar a exposição ao pó. A repetição deste exercício durante vários dias restringe a ocorrência de espinhas.

* Fazer uma pasta fina de 100 gms de farinha de grama finamente pulverizada, duas colheres de coalhada, e algumas gotas de óleo de sândalo. A isto adicionar 1/2 colher de chá de sumo de lima e misturar bem. Aplicar a pasta no rosto e esperar cerca de uma hora. Lavar o rosto com água fria. Repetir isto durante vários dias irá ajudá-lo a manter uma pele suave. Conheça mais dicas sobre cuidados com a pele no nosso blogue.

* A decocção das folhas de erva-doce indiana é um purificador de sangue reconhecido. Cerca de 50 gms de folhas são fervidas em água durante 3-4 horas. Esfrega-se a decocção através de um pano fino. Esta decocção deve ser feita com leite morno. A utilização regular deste remédio durante vários dias funciona como um bom purificador do sangue, controlando eficazmente o problema da acne.

* O sumo do fruto fresco da groselha da Índia é tomado com manteiga clarificada e mel para purificar o sangue. Se a fruta fresca não estiver disponível, misturar 20 gms de pó da fruta com uma colher de chá cheia de mel e manteiga clarificada, e consumi-la. Esta pasta é considerada como um potente purificador do sangue.

2. Pele seca

A indiana Ayurveda descreve a pele seca como um traço predomonante da constituição Vata.

Mesmo em pessoas normais, a Vata causa secura da pele quando está viciada devido a influências sazonais. Esta secura pode mesmo estender-se às membranas mucosas que cobrem os lábios e assim causar rachaduras. A secura da pele e das membranas mucosas é também causada por certas doenças como a febre. Conheça mais dicas de cuidados naturais com a pele no nosso blogue.

Manteiga clarificada

Ingredientes: Glicerina, creme de leite, manteiga clarificada e óleo vegetal

Receitas comuns:

- Uma massagem com óleo é um remédio simples mas bem conhecido para tratar a pele seca. Para melhores resultados, pode adicionar algumas gotas de glicerina ao óleo imediatamente antes da aplicação.
- A manteiga clarificada ou os cremes de leite são bons para lábios rachados. Aplicá-los durante alguns dias imediatamente antes de ir para a cama.
- Saiba mais sobre embalagens faciais hidratantes e remédios caseiros para uma pele resplandecente e saudável.

3.   Máscaras Faciais

Argila de Bentonite Herbácea

Este barro é uma base comum para todas as máscaras faciais.

Ingredientes:

Groselha-da-índia em pó 150 gms

Mirobalan150gms cerúbio

Belericirobalan150gms

Argila Bentonítica300gms

Água   600 ml

groselha-da-índia

A Ayurveda recomenda uma série de ervas que podem ser utilizadas para fazer embalagens faciais naturais. Levar água num recipiente largo de boca, ao qual foram adicionados os pós de todas as ervas. Deixar a mistura ferver até o volume inicial de água ser reduzido para metade. Filtrar o conteúdo através de um pano duplo de musselina ou um pano de queijo para obter um líquido límpido. Verter a decocção num recipiente largo de bocal. Mergulhar a argila bentonítica e misturar bem. Transferir o conteúdo para uma bandeja e deixá-lo secar sob o sol ou num forno. Pulverizar quaisquer grumos que se formem. Armazenar o pó.

4.   Cara seca

Aloé Vera

Ingredientes:

ArgilaBentonite Herbalizada   6 partes

Gel de Aloé Vera   ^ peças

Mel   1 parte

Água de rosas   1 parte
Água, para produzir uma pasta consistente Óleo de jasmim para fragrância
Método de preparação

- Misturar a argilaBentonite herbalizada, adicionar mel e gel de Aloe Vera bem.

- A isto, adicionar a água das rosas e misturar bem. Adicionar a água em pequenos volumes, misturando bem o conteúdo, para formar uma pasta semi-sólida macia.

- Depois adicionar o óleo perfumado e misturá-lo bem.

- Utilização

- Usar água simples para lavar o rosto. Seque-o com uma toalha macia.

- Aplique uniformemente um pouco de óleo sobre o rosto. Não o massaje.

- Espalhe uniformemente uma pequena quantidade da pasta sobre o seu rosto. Evite cuidadosamente o seu contacto com os seus olhos, lábios e partes internas das suas narinas.

- Deixar secar (aprox. 5-15 minutos).

- Ao secar, actuará sobre a sua pele durante 30 minutos (a máscara facial esteve em contacto com a sua pele durante 45 minutos no total).

- Descole suavemente a máscara esfregando-a, com os dedos. Se estiver colada à cara, aplique um pouco de óleo nos dedos para tornar o processo de descasque mais confortável. Conheça mais dicas de cuidados de pele caseiros no nosso blogue.

5.Oily Face

Ingredientes:

Peças de argila herbalizada e bentonítica6

Casca de laranja (seca e finamente pulverizada)   % partes

Honey1   parte

Keora water1   parte

Luke água quente para produzir uma pasta consistente. Óleo de casca de laranja ou água Keora para perfumar.

**Casca de
laranja**

Método de preparação

- Misturar todos os ingredientes sólidos.

- Acrescentar mel e misturar bem.

- Adicionar pequenos volumes de água enquanto se mistura o conteúdo numa pasta macia e semi-sólida. Acrescentar óleo perfumante e misturar bem.

- Aprenda mais sobre remédios caseiros para pele clara e como obter uma pele brilhante naturalmente.

3. Blemishes

Ingredientes:

ArgilaBentonite Herbalizada	6 partes
Cúrcuma - finamente pulverizado	^ peças
Indiano mais louco - finamente pulverizado	% partes
Coalhada doce ou iogurte	1 parte
Óleo de sândalo para perfumar.	

Sândalo

Método de preparação

- Misturar todos os ingredientes sólidos.

- Adicionar iogurte/curdo e misturar bem.

- Adicionar pequenos volumes de água enquanto se mistura o conteúdo numa pasta macia e semi-sólida. Acrescentar óleo perfumante e misturar bem.

Acne

Ingredientes:

HerbalisedBentonite argila lilás	6 partes
indiano folhas em forma de lilás	^ peças
Sândalo em pó	% partes
Cânfora uma pitada	
Água de rosas	1 parte
Óleo de sândalo para perfumar.	

Água de rosas

Método de preparação

- Misturar todos os ingredientes sólidos.
- Acrescentar água de rosas e misturar bem.
- Adicionar pequenos volumes de água enquanto se mistura o conteúdo numa pasta macia e semi-sólida. Acrescentar óleo perfumante e misturar bem.

6.Receitas Petrolíferas

Pele seca

Ingredientes:

Mirobalano querubiano	20.00 g
Lentilhas negras	10.00 g
Nenúfar azul	20.00 g
Raízes de Costus	5.00 g
Alcaçuz	20.00 g
Água	600,00 ml

| Óleo de sésamo | 500,00 ml |
| Óleo de gérmen de trigo | 5,00 ml |

Óleo de jasmim

Óleo de alecrim

Óleo de gerânio

Também necessário - Azeite de oliva

Lentilhas negras

Preparação:

- Mergulhar as lentilhas pretas em água durante 3 horas até incharem.

- Drenar o excesso de água e adicionar flores frescas e os caules tenros de lírios de água azuis. Triturá-los juntos.

- Pó grosseiramente o Chebulicmyrobalan, raiz de Costus e

- Liquorice e adicionar um pouco de água para obter uma pasta uniforme.

- Verter óleo de gergelim num recipiente adequado. A isto, adicionar as pastas acima mencionadas, leite e água. Deixar o conteúdo ferver em lume brando. Agitá-los repetidamente

- Até que toda a água evapore.

- Quando só resta o óleo, apagar a chama. Deixe-o ficar tépido. Esfregue o óleo através de uma musselina de camada dupla ou de um pano de queijo. Ao arrefecer, adicionar óleo de gérmen de trigo e um dos óleos perfumantes.
- Misturar o poço e transferir o óleo para uma garrafa de vidro de boca estreita. Fixar bem a tampa

Utilização

Diluir este óleo com quantidades iguais de azeite e massajar suavemente o corpo. Evitar o seu contacto com os olhos e outras áreas sensíveis. Conheça mais dicas sobre cuidados com a pele no nosso blogue.

Pele Oleosa

Relva de nozes

Ingredientes:

Erva de nozes	30.00 g
Açafrão de Cobra	30.00 g
Costus	20.00 g
Madeira de cedro	20.00 g
Água	600,00 ml
Óleo de mostarda	400,00 ml

Uma das seguintes

Óleos perfumantes: 0,50 ml
Óleo de casca de laranja

Óleo de zimbro

Preparação:

- Capim em pó, madeira de Cedro e raízes de Costus e misturá-las bem.
- Num recipiente deitar o óleo de mostarda. A isto adiciona-se a mistura de ervas, açafrão Cobra e água. Em lume brando, esta decocção fervilha até que toda a água se evapore.
- Ao obter o óleo, apaga a chama. Deixe-o ficar tépido. Esfregue o óleo através de uma musselina de camada dupla ou de um pano de queijo. Adicionar o óleo perfumado e misturá-lo bem.
- Transferir o óleo para uma garrafa de vidro de boca estreita e fixar bem a tampa.
- Utilização - Pode utilizar este óleo directamente ou diluído com uma pequena quantidade de óleo de girassol ou azeite de oliva. Massajar suavemente o corpo, evitando o contacto com os olhos e outras áreas sensíveis!

Pele normal

Pétalas de Rosas

Ingredientes:

Sândalo	5.00 g
Rosepetals	25.00 g
Lac	5.00 g
Vetiver	5.00 g
Greengram	20.00 g
groselha-da-índia	20.00 g
Indiano mais louco	10.00 g

Óleo de farelo de arroz (RBO)
ou óleo de girassol400   .00ml

Água600   .00ml

Uma das seguintes

Óleos perfumantes: 0,50 ml

Sândalo

Rose

Preparação:

- Mergulhar gramas verdes em água durante 3 horas até incharem. Triturar as gramas e as pétalas de rosa para fazer uma pasta.
- Sândalo em pó, groselha, vetiver e índio mais louco e misturá-los. A esta combinação junta-se laca e um pouco de água. Misturá-los juntos.
- Num recipiente adequado, misturar o óleo de girassol ou RBO com as misturas e a água. Deixar ferver até que toda a água se evapore. Continuar a agitar o conteúdo repetidamente.
- Quando só resta o óleo, apagar a chama. Deixe-o ficar tépido. Esfregue o óleo através de uma musselina de camada dupla ou de um pano de queijo. Adicionar o óleo de perfumação e misturar bem.
- Transferir o óleo para uma garrafa de vidro de boca estreita e fixar bem a tampa.

Utilização - Pode utilizar este óleo directamente ou diluído com uma pequena quantidade de óleo de girassol ou azeite de oliva.

Massajar suavemente o corpo evitando o seu contacto com os olhos e outras áreas sensíveis.

Pacote de carroçaria

Pacote de curcuma

Ingredientes:

Cereja de Inverno50   .00 g

Gotu-Kola25   .00 g

Curcuma 10   ,00 g

Farinha de grão de bico250   .00 g

Farinha de grama verde250   .00 g

Leite 20   .00 ml

Óleo de sésamo / Óleo de mostarda / Óleo de girassol 10,00 ml

Água em quantidade suficiente

Cerejeira de

Preparação:

- Moer os três primeiros ingredientes num liquidificador. Penetre-os através de uma peneira fina. Misturar bem o pó de ervas com as farinhas misturadas.

- Misturar 40 gm deste pó com leite e um dos óleos com água suficiente para obter uma pasta uniforme.

- Aprenda também sobre várias dicas de cuidados de pele naturais e pacotes faciais caseiros para um brilho saudável

    pele.

Pacote Nutmeg
Ingredientes:

Nutmeg   5.00 g
Liquorice20

.00 g

Shankhpushpi10 .00 g

Pétalas de rosa10 ,00 g

Farinha de grão de bico250 .00 g

Farinha de grama verde250 .00 g

Leite 20 .00 ml

Óleo de sésamo / Óleo de mostarda

/ Óleo de girassol10 ,00 ml

Água em quantidade suficiente

Preparação:

- Moer os três primeiros ingredientes num liquidificador. Penetre-os através de uma peneira fina. Misturar bem o pó de ervas com as farinhas misturadas.
- Misturar 40 gm deste pó com leite e um dos óleos com água suficiente para obter uma pasta uniforme.

4. Pó de Banho

A utilização de lavagens de ervas faz parte do ritual do banho. Uma combinação de ervas seleccionadas é adicionada à água quente, tal como recomendado pela Ayurveda indiana. Posteriormente são diluídas com a sua água de banho. As lavagens com ervas fornecem frequentemente uma sensação de frescura, melhoram a micro circulação e mantêm a textura natural da pele.

Preparação:

- Pó todas as ervas em pó de forma grosseira.
- Levar este pó para um recipiente e adicionar água quente. Cobri-lo com uma tampa e deixá-lo arrefecer. Esfregue a decocção através de um pano de musselina dupla ou um pano de queijo.
- Adicione este líquido à sua água do banho e utilize-o após enxaguar completamente o sabão do seu corpo. Conheça mais dicas de cuidados naturais da pele no nosso blogue.

Enxaguamento Tangy Rinse

Pó de semente de feno-grego

Ingredientes:

Chama da floresta	200.00 g
Casca de laranja	115.00 g
Sementes de feno-grego em pó	50.00 g
Alcaçuz	100.00 g
Água quente	2,50 Lt.

Keora Rinse

Indian Madder

Ingredientes:

Pinho Perfumado Seco Folhas de Pinho 200,00 g

Ingredientes:

Cereja de Inverno	100.00 g
Nenúfar azul (pétalas secas)	200.00 g
Limão seco em cascas de limão	15.00 g
Nutmeg	5.00 g
Fenugreek	15.00 g
Água	2,50 Lt.

Indiano mais louco	20.00 g
Casca de mirobalano cerubiano100	,00 g
Fenugreek	50.00 g
Água	2,50 Lt.

Lemony Rinse

Cerejeira de

Cuidados com o cabelo de medicamentos Ayurveda

1. Óleo de cabelo nutritivo

Este óleo capilar nutritivo, também conhecido por Brahmi - Amla Hair oil, fortalece as raízes capilares, previne a queda do cabelo e também mantém a elasticidade do cabelo como recomendado pela Ayurveda. O óleo pode ser armazenado por um período de 3 meses.

Gratiola

Ingredientes:

Planta inteira de Gratiola de folha de tomilho   12.50 g

Polpa de frutos frescos de groselha-da-índia

(Spotless)   150.00-200.00 g

(Se utilizar pó de frutos secos 50 g) Óleo de

gergelim   100,00 ml

Água   400,00 ml

Um dos seguintes óleos perfumantes: Gerânio   0,50 ml

- para cabelos secos

Alecrim - para cabelo normal Casca de laranja - para cabelo oleoso

Preparação:

- Moer Brahmi num pó seco grosseiro e mantê-lo de lado. Pode fazer isto facilmente num misturador doméstico.

- Polpa as groselhas frescas, separando as sementes. Obter 50 gms de polpa fresca a partir de 200 gms do fruto. (Se utilizar o fruto seco, fazer uma pasta).

- Levar óleo de gergelim num navio de aço. Adicionar pó de Brahmi, pasta de groselha e água. Ferver em lume brando.

- Agitar a mistura repetidamente. Quando a água tiver evaporado completamente e só restar o óleo, apagar a chama. Deixar que a água se torne tépida. Esfregar o óleo através de um pano de musselina de camada dupla. Adicionar o óleo de perfumação no arrefecimento.

- Transferir a decocção para uma garrafa de boca estreita e fixar bem a tampa.

Utilização:

- Leve um pequeno volume de óleo de cabelo Brahmi -Amla para as palmas das suas mãos. Aplicá-lo suavemente sobre o couro cabeludo e o cabelo. Deixe o óleo trabalhar durante uma hora antes de o lavar.

2. Óleo restaurativo para o cabelo

Óleo de Japakusum Hair

O Japakusum ou óleo de cabelo de Shoeflower prende o cabelo prematuramente, como recomendado pela Ayurveda. Este óleo pode mesmo manter o pigmento natural do seu cabelo. Este óleo caseiro

O óleo de cabelo Japakusum pode ser armazenado por um período de 3 meses.

Flor de sapato

Ingredientes:

Pétalas secas de Hibiscus	12.50 g
Folhas secas de	12.50 g
Óleo de sésamo	100,00 ml
Água	400,00 ml
Um dos seguintes óleos	00.50 ml
perfumantes: Alfazema	
Rose	

Preparação:
- Esmagar as ervas secas numa misturadora. Acrescentar água suficiente para fazer uma pasta.
- Verter 100 ml de óleo de gergelim num recipiente de aço inoxidável.
- Adicionar as pastas de ervas e a água restante e ferver em lume brando. Continuar a agitar até que toda a água evapore e só reste o óleo. Apagar a chama.
- Quando se torna morno, coar o óleo através de um pano de musselina de camada dupla.
- No arrefecimento, adicionar o óleo de perfumação. Transferir o conteúdo para um frasco de boca estreita e fixar bem a tampa.

Utilização:
- Leve um pequeno volume de óleo de cabelo Japakusum para as suas palmas das mãos. Aplicá-lo suavemente sobre o couro cabeludo e o cabelo. Deixar o óleo trabalhar durante uma hora antes de

o lavar

3.Shampoo

Ervas como agentes de limpeza têm sido usadas desde a antiga Ayurveda indiana para lavagens capilares. Estas ervas têm muito pouca qualidade de espuma. Faça o seu próprio champô caseiro feito à base de ervas com esta receita. Este champô limpa suavemente. Elimina toda a sujidade e óleo do seu cabelo e couro cabeludo, sem privar o couro cabeludo do seu óleo natural. Também restaura o equilíbrio do pH do couro cabeludo.

Porca de sabão

Ingredientes:

Porca de sabão	15.00 g
Soap pod-Acacia	15.00 g
Hibiscus	10.00 g
Água	100,00 ml

Preparação:

- Partir as nozes sabão e descartar as suas sementes.
- Rachar as vagens de sabão e esmagar as sementes.
- Fazer um pó grosseiro das duas ervas e colocá-lo numa caneca. Ferver a água e adicionar-lhe a mistura em pó. Cubra a caneca com uma tampa e guarde-a durante cerca de 30 minutos. Apertar os sólidos para recuperar todo o detergente dentro da água quente.
- Subsequentemente, coar o líquido através de uma camada dupla de musselina ou pano de queijo.

Utilização:

- Utilizar o filtrado como um champô. Para melhores resultados, lave o seu cabelo duas vezes.

Precaução:

- Tomar as medidas adequadas para evitar que o champô lhe esbarre nos olhos. Pode causar irritação nos olhos! Deitar fora a parte restante deste champô. Não o guarde.

4.   **Caspa**

Neem

Ingredientes: Groselha da Índia, limão, folhas de Neem e acácia de noz de sabão
Receitas comuns:
- Esfregar sumo de limão sobre o couro cabeludo antes de tomar um banho evita a caspa.
- Tirar cerca de 100gms de folhas de Margosa (Neem) e fervê-las num litro de água durante 1-2 horas. Deixar arrefecer e coar através de um pano fino. Esta decocção é uma excelente lavagem do cabelo e evita a caspa, tal como recomendado pela Ayurveda. Preparar uma decocção fresca para cada lavagem.
- Polvilhar finamente as vagens de acácia da noz de sabão e aplicá-la no couro cabeludo com água. Deixar repousar durante 15 minutos antes de tomar banho. Utilizar durante vários dias para curar a caspa.
- Misturar em partes iguais de groselha da Índia seca, Shikakai (vagens de acácia de nozes sabão) e folhas de Margosa. Misturar a mistura até obter um pó fino. Misturar este pó num litro de água e lavar o cabelo com esta solução para se livrar eficazmente da caspa.

Precaução:

- Tomar as medidas adequadas para evitar que o champô lhe esbarre nos olhos. Pode causar irritação nos olhos! Deitar fora a parte restante deste champô. Não o guarde.

Cuidados para bebés de medicamentos Ayurveda

1. Problemas de digestão

- A alimentação de topo leva por vezes a distúrbios digestivos caracterizados por flatulência. Se isto acontecer ao seu bebé que ainda não tenha 3 meses de idade, experimente este simples remédio como alternativa à medicação interna.

- Como medida de precaução, um pequeno stock de poucas folhas frescas de Betel (Piper betel) no frigorífico virá a calhar.

- Em caso de flatulência, tomar duas folhas de betel verde e aplicar uma fina camada de óleo de sésamo ou óleo de mostarda nas suas superfícies, tal como recomendado pela Ayurveda indiana. Aquecer ligeiramente a superfície oleada, assegurando que a temperatura possa ser tolerada pelo bebé.

- Cobrir o estômago da criança com estas folhas quentes. Esta medida expulsa o fluído, ajuda a evitar a medicação interna e proporciona conforto ao bebé.

Cuidados de Verão

- Se o seu bebé seguir uma dieta de leite, poderá adicionar outros líquidos e garantir um nível de conforto mais elevado durante os verões quentes.

- A 15 gms de sementes de cevada adicionar cerca de 200 ml de água. Amolecer as sementes cozinhando-as numa panela de pressão. Tomar a água sobrenadante, eliminando as sementes amolecidas. Se for demasiado espessa, adicionar um pouco mais de água.

- Deixe arrefecer. Adoçar esta preparação com Glucose em pó adicionada a uma ou duas gotas de sumo de limão coado e uma pitada de sal.

- Esta preparação destina-se a ser dada ao seu bebé em pequenos volumes com a ajuda de uma pequena colher durante a tarde. Pode utilizar esta receita para além da dieta de leite.

2. Comida Ayurvédica para Bebés e Bebés

- Com Leite - Para uma saúde óptima e completa enriquecer o leite com alcaçuz ou cereja de Inverno.

- Melhorar o leite utilizando ervas seleccionadas. Esmagar primeiro a erva em pó grosseiro. Misturá-la com um pequeno volume de água para obter uma pasta uniforme e espessa. A esta pasta adicionar leite e fervê-la. Mexer o conteúdo regularmente. Em seguida, coar para recolher o leite herbizado. Também se pode adicionar açúcar para melhorar o sabor. O ideal seria que a proporção de leite por erva fosse 2:1.

- **Com Mel** -Brandurar uma pitada (cerca de 100 mg) de Gotu Kola em pó ou de Indian Pennyworth com mel e manteiga clarificada para obter uma pasta lambível, tal como recomendado pela Ayurveda. Administrar esta pasta duas vezes por dia.

3. Comichão

- Adicionar uma colher de sopa de folhas secas de tomilho a duas chávenas de água a ferver. Cobrir, deixar arrefecer e esticar a solução. Aplicar a solução directamente sobre a pele com prurido.
- Esmagar algumas folhas de hortelã-pimenta e esfregá-las directamente na zona comichosa.
- Cortar a folha de planta de Aloé Vera aberta e tomar o gel interior. Aplicar e esfregar este gel sobre a pele irritante.
- Tirar o limão e espremer pouco sumo sobre a zona comichosa. Deixe-o secar e logo encontra algum alívio.
- Adicionar 1 parte de água a 3 partes de Bicarbonato de sódio para fazer uma pasta. Depois aplicar isto na zona com comichão. (Não usar isto sobre a pele partida)
- Tirar algumas folhas de manjericão *(tulsi)* e esmagá-las para sumo. Esfregue isto directamente na

pele.

- Para coceira de corpo inteiro, adicionar 2 a 3 chávenas de Vinagre de Cidra de Maçã à água morna do banho. Mergulhar-se nesta água durante 15 a 30 minutos.
- Misturar 2 colheres de chá de canela *(dalchini)* em pó e mel *(shahad)* bem. Aplicar isto na área afectada e deixar durante 10 a 15 minutos. Depois lavar com água e repetir isto 3 vezes por dia.
- Tomar 6 colheres de sopa de óleo de coco e misturar 4 colheres de sopa de sumo de limão. Aquecer a mistura

  até ficar morno. Aplicar na área afectada e deixá-la durante a noite.
- Tirar 3 colheres de sopa de amido de milho e adicionar água para fazer pasta. Aplicar isto sobre a comichão

  área e deixá-la por 15 minutos. Mais tarde, lavá-lo com água. Fazer isto 3 vezes por dia.

4. Remédios caseiros para aumentar a imunidade das crianças

- Misturar 1/4 de colher de chá de curcuma *(haldi)* em pó e um pouco de pimenta preta *(kaali mirch)* a uma chávena de leite e fervê-la. Adicionar-lhe um pouco de mel cru *(shahad)* e beber.
- Dar à criança para comer algumas amêndoas *(badam)* diariamente.
- Fazer a criança comer goiaba *(amarud)* fruta todos os dias, o que aumenta a Vitamina C e melhora o sistema imunitário.
- O iogurte *(dhahi)* deve ser dado regularmente à criança.
- Tomar Cenoura aumenta regularmente o sistema imunitário.
- A ingestão de açúcar deve ser reduzida a fim de aumentar a Imunidade.
- Fazer pó de raiz de Aswagandha e adicionar 3 a 4 gramas de Aswagandha ao leite. Dar este leite a uma criança renovar os níveis de energia.

- Preparar uma mistura de raiz de alcaçuz em pó *(mulethi)*, adicionar-lhe mel *(shahad)* e ghee. Dê isto à criança.
- Dá diariamente algumas folhas de manjericão *(tulsi)* às crianças, ajuda a aumentar o sistema imunitário.

5. O que é a icterícia nas crianças?

Uma substância chamada "bilirrubina" será desenvolvida no sangue e tecidos do corpo, o que leva à icterícia. Este excesso de bilirrubina faz com que a pele, os olhos e as membranas mucosas da boca se tornem de cor amarelada. A substância bilirrubina é processada pelo fígado e pode indicar danos no fígado. A icterícia em recém-nascidos é comum, de acordo com os seus vasos sanguíneos e condição hepática. Mas em bebés mais velhos tem de ser considerada grave. É uma pista para problemas com o fígado, infecção ou outra doença.

Causas de icterícia nas crianças

Uma das principais causas de icterícia é o consumo de água contaminada. A água contaminada consiste de um vírus chamado Hepatite A ou E. Quando o vírus da Hepatite ataca o fígado pode levar à icterícia. A outra razão para a icterícia é o próprio fígado. O fígado pode ser danificado temporária ou permanentemente, reduzindo a sua capacidade de decompor a bilirrubina (misturá-la com a bílis) e movê-la para a vesícula biliar. Isto também causa icterícia.

Sintomas de icterícia nas crianças

- Pele e olhos amarelos
- Bancos de cor pálida ou argila
- Urina de cor escura
- Cansaço
  A Criança também pode ter:
- Uma febre alta com calafrios
- Dor de barriga para baixo
- Sintomas semelhantes aos da gripe, tais como dores musculares e articulares
- Comichão na pele
- Perda de apetite
- Náuseas e vómitos

Remédios caseiros para a icterícia nas crianças

- 1/4 colher de chá de curcuma *(haldi) em* pó deve ser misturada num copo de água quente. Este deve ser tomado 2 a 3 vezes por dia.
- Fazer uma pasta de folhas de papaia tenra e tomar 1/2 colher de chá desta pasta com 1 colher de

chá de mel *(shahad)*.

- Adicionar uma pitada de cominho assado *(jeera)* em pó e algum sal ao leitelho e consumir.
- 1 chávena de sumo feito com folhas de rabanete tomadas 2 vezes por dia.
- A decocção do caule de Giloy *(guduchi)* deve ser misturada com sumo de Sugarcane *(ganna)* e Uvas *(angoor)*.
- Fazer a pasta de raiz de Punarnava e tomá-la misturando-a com água de coco.
- Dar sumo de Chirayta Verde *(kalmegha)* de 5 a 10ml duas vezes por dia ao cabrito.

6. O que é baixo peso nas crianças?

Se um bebé pesa menos de 2,5kg, pode ser descrito como muito ou extremamente, baixo peso à nascença. Isto pode acontecer a bebés que nascem prematuramente. Se o bebé foi prematuro, a situação é diferente dos bebés que são pequenos mas nascem entre 37 semanas e 42 semanas (período completo).

Causas de baixo peso em crianças

Há muitas razões para um bebé com um baixo peso à nascença. Os pais que são mais baixos e pesam menos do que a média, ou que eram eles próprios pequenos à nascença, podem ter filhos mais pequenos. Algumas das outras causas estão listadas abaixo.

- Se o bebé tivesse nascido prematuro e não tivesse tempo suficiente para crescer.
- Se o bebé tiver uma condição médica hereditária.
- Se a mãe teve tensão arterial elevada durante a gravidez, pode também afectar o fluxo de sangue através da placenta para o bebé.

Sintomas de baixo peso em crianças

- Fadiga frequente e inexplicável
- Mal-estar geral e uma diminuição da resistência
- Resistência reduzida

Quão baixo é o efeito do peso do bebé?

- Um risco acrescido de infecção.
- Problemas respiratórios, chamados síndrome do desconforto respiratório (RDS).
- Demasiados glóbulos vermelhos, o que pode tornar o seu sangue demasiado espesso (policitemia).
- Dificuldade em manter o calor.

Remédios caseiros para baixo peso em crianças

- Para aumentar o peso das crianças dão à Withania somnifera *(Ashwagandha)* pó fervido em leite.
- As bananas e os morangos são úteis para ganhar peso nas crianças.

- A adição de Manteiga e Queijo à dieta diária do cabrito pode aumentar o peso.
- Dar leite integral e frutos secos às crianças também pode ajudar a ganhar peso.

7. O que é a Obstipação nas crianças?

A obstipação é um problema muito comum nas crianças. Diz-se que um bebé tem prisão de ventre quando, numa semana, o bebé tem menos de três movimentos intestinais. A obstipação não tem nenhuma doença ou doença específica, que é chamada de obstipação idiopática. É importante que a obstipação seja reconhecida cedo para evitar que se torne um problema a longo prazo (crónico).

Causas de obstipação em crianças

A causa mais comum de obstipação numa criança é uma fuga intencional à casa de banho por várias razões. As mudanças na dieta afectam os hábitos intestinais. Qualquer mudança intensa numa criança - como doenças que causam febre, acampar, comer menos, ou desidratação - pode diminuir a frequência das fezes ou pode endurecer as fezes.

Sintomas de obstipação em crianças

- Dor de estômago
- Bloqueio
- Náusea
- Perda de apetite
- Manivela geral

Remédios caseiros para a obstipação em crianças

- Dar à criança pelo menos 1 chávena de sumo de fruta, como maçã, pêra ou poda por dia.
- Espremer o sumo de 1 limão numa chávena de água quente. Beba ou beba a água completamente.
- A criança deve receber sumo de uva *(angoor)* com Jaggery *(guda)*.

Abordagem da medicina ayurvédica

- A base da medicina védica é o entendimento de que qualquer doença pode ser derrotada se se cuidar de encontrar o equilíbrio dentro de si próprio.

- Um dos princípios básicos da medicina holística é a abordagem individual ao paciente, explorando as suas peculiaridades e encontrando uma solução para o desequilíbrio emergente no corpo.

- Mais uma vez: Magoas a cabeça e vais a um praticante ayurvédico. Antes de nomear um tratamento, o seu médico realizará uma entrevista entre pares para se familiarizar não só com o problema a que foi, mas também com a sua saúde em geral. Ele dirigir-se-á a si e à sua queixa individualmente, realizará os chamados diagnósticos para chegar ao cerne da sua queixa.

Vantagens e desvantagens da Ayurveda

- A Ayurveda evoluiu ao longo de milhares de anos como um sistema de medicina e é também largamente utilizada hoje em dia. Inclui várias formas de tratamento e terapia, incluindo o uso de ervas medicinais, yoga, exercícios, meditação, tantra, etc., para a paz do corpo, mente e alma.

- Este artigo desenvolve os prós e contras da escolha da Ayurveda como forma de tratamento preferida. Enumera as vantagens e desvantagens da prática como é conhecida hoje em dia. A Ayurveda enfrenta concorrência com muitos outros sistemas de medicina, na sua maioria da medicina convencional ou ocidental.

- No entanto, continua a ser utilizado em quase todas as casas na Índia. É, de certa forma, tomado como um dado adquirido pelo povo do subcontinente. Espalhou-se por todas as partes do mundo, e cada vez mais pessoas optam por abandonar as práticas convencionais para dar à tradição uma oportunidade de confiança. Um olhar sobre as vantagens.

- Ayurveda é um sistema de saúde holístico que visa a harmonia no corpo, e a harmonia do ser humano com a natureza. Não olha apenas para o corpo, mas também para a saúde da mente e da alma.

- Como o mundo continua a viver numa época em que o stress é parte integrante da vida de todos, a terapia aurvédica tem provado repetidamente que ajuda as pessoas a relaxar e a acalmar, e a enfrentar melhor os desafios da vida quotidiana.

- Resistiu ao teste do tempo, dos séculos, e este conhecimento da medicina pode ser preventivo, protector e curativo.

- A vantagem mais importante, evidentemente, é que utiliza apenas substâncias naturais derivadas de plantas, frutos, vegetais e minerais naturais. Em alternativa, utiliza os extractos de plantas em combinação para produzir os medicamentos necessários.

- Os efeitos secundários são mínimos quando comparados com outras formas de medicina, uma vez que as substâncias naturais não podem realmente fazer muito mal ao seu corpo.

- Prega um estilo de vida moderado, incluindo o consumo moderado de alimentos, ingestão de medicamentos, actividade sexual e sono. Desde que a Ayurveda está em prática há mais de 5000 anos, e tem funcionado evidentemente, a fé nela sustenta-se especialmente entre a população indiana.

- O mundo ocidental classifica-a como medicina alternativa, e no entanto cada vez mais pessoas parecem optar por ela.

O antigo sistema médico indiano, também conhecido como Ayurveda, baseia-se em escritos antigos que se baseiam numa abordagem "natural" e holística da saúde física e mental. A medicina Ayurveda é um dos sistemas médicos mais antigos do mundo e continua a ser um dos sistemas de saúde tradicionais da Índia. O tratamento Ayurveda combina produtos (principalmente derivados de plantas, mas pode também incluir animais, metais e minerais), dieta, exercício e estilo de vida. A Ayurveda é o sistema de medicina que incorpora séculos de sabedoria. A ênfase aqui é colocada em formas de promover a saúde em vez de apenas tratar doenças. A beleza do sistema é que cada indivíduo é único em vez de ser apenas mais um caso de doença em particular. É um dos poucos sistemas de medicina que tem em conta o bem-estar mental, emocional e espiritual. Todas as sugestões e remédios prescritos na Ayurveda estão completamente em conjunção com a natureza.

Referências

- Agarwal, V., Abhijnhan, A. e Raviraj P. (2007) Medicina ayurvédica para a esquizofrenia. *Cochrane Database of Systematic Reviews.* 8, 2013.

- Barnes, P.M., Bloom, B.and Nahin, R. (2007) Uso de medicina complementar e alternativa entre adultos e crianças: Estados Unidos, *National Health Statistics, 12.* 2008.

- Chopra, A. e Doiphode, V.V. (2017) Medicina Ayurvédica. Conceito central, princípios terapêuticos, e relevância actual. *Clínicas médicas da América do Norte.* 86(1):75-88.

- Conboy, L., Edshteyn, I. e Garibaldis, H. (2019) Ayurveda e Panchakarma: medir os efeitos de uma intervenção holística na saúde. *Revista Scientific World Journal.* 9:272-280.

- Elder, C. , Aickin, M. e Bauer, V. (2016) Estudo aleatório de um protocolo ayurvédico de sistema inteiro para a diabetes tipo 2. *Terapias Alternativas em Saúde e Medicina.* 12(5):24-30.

- Furst, D.E., Venkatraman, M.M. e McGann, M. (2018) Estudo piloto duplo-cego, randomizado, controlado, comparando a medicina Ayurvédica clássica, metotrexato, e a sua combinação em artrite reumatóide. *Journal of Clinical Rheumatology.17* (4):185-192.

- Gogtay, N.J. Bhatt, H.A. e Dalvi, S.S. (2016) a utilização e segurança dos medicamentos indianos não alopáticos. *A segurança dos medicamentos.* (14):1005-1019.

- Goldblatt, E. e Snider, P. (2019) *Clinicians' and Educators' Desk Reference on the Licensed Complementary and Alternative Healthcare Professions.* Seattle, WA: Consórcio Académico para os Cuidados Complementares e Alternativos de Saúde.

- Jurenka, J.S. (2009) Propriedades anti-inflamatórias da curcumina, um dos principais constituintes da Curcuma longa: uma revisão da investigação pré-clínica e clínica. Alternative Medicine Review.14 (2):141-153.

- Karri, S.K., Saper, R.B. e Kales, S.N. (2018) Encefalopatia de chumbo devido a medicamentos tradicionais. *Segurança actual dos medicamentos.3* (1):54-59.

- Patwardhan, K. A história da descoberta da circulação do sangue: contribuições não reconhecidas dos mestres Ayurveda. *Avanços na Educação em Fisiologia.* 2012; 36 (2):77- 82.

- Saper, R.B., Kales, S.N. e Paquin, J. (2008) Lead, mercury, and arsenic in U.S. - e medicamentos ayurvédicos de fabrico indiano vendidos através da Internet. *Jornal da Associação Médica Americana.* 300 (8):915-923.

- Shankar K, Liao LP. Sistemas tradicionais de medicina. *Clínicas de Medicina Física e de*

Reabilitação da América do Norte. 2004; 15(4):725-747.

- Sridharan, .K, Mohan, R. e Ramaratnam S. (2019) Tratamentos ayurvédicos para a diabetes mellitus. *Base de Dados Cochrane de Revisões Sistemáticas.* 12

Printed by Books on Demand GmbH, Norderstedt / Germany